Manfred Theisen
DER CHIP

AF178224

MANFRED THEISEN

DER CHIP

Penguin Random House Verlagsgruppe
FSC® N001967

4. Auflage
Originalausgabe Dezember 2021
© 2021 cbj Kinder- und Jugendbuchverlag
in der Penguin Random House Verlagsgruppe GmbH,
Neumarkter Straße 28, 81673 München
produktsicherheit@penguinrandomhouse.de
(Vorstehende Angaben sind zugleich
Pflichtinformationen nach GPSR.)
Alle Rechte vorbehalten
Lektorat: Regine Teufel
Umschlaggestaltung: © Geviert, Grafik & Typografie,
unter Verwendung mehrerer Motive von
Shutterstock.com / Maxx-Studio
he · Herstellung: IH
Satz: Buch-Werkstatt GmbH, Bad Aibling
Druck und Bindung: GGP Media GmbH, Pößneck
ISBN 978-3-570-31436-4
Printed in Germany

www.cbj-verlag.de

DIENSTAG, 8. MAI 2032

Sie lag in seinem Arm. Sein Herz schlug sanft wie das eines Walfischs. Alles war federleicht, sie waren zusammen, die Welt eine Oper aus rosafarbenem Licht. Kim schwebte mit Julian in diesem Traumschiff aus Wolken. Unter ihnen hockten Mitschüler auf gut abwaschbaren Stühlen im *Big Rest* – der Kantine der Galileo-Schule. Münder öffneten und schlossen sich wie Ladeluken. Es wurde gegessen, geredet, gelästert, zerkaut und gelogen. Einer der Roboter servierte Tuna einen grünen Salat mit weißen Bohnen, Cocktailtomaten und Heuschreckendressing. Letzteres wäre Kim zu nussig gewesen.

»Hör dir Tuna an, wie sie redet – jedes Wort ist vergiftet«, flüsterte Kim ihrem Freund ins Ohr.

»Sei nicht so streng mit deiner Freundin. Jeder am Galileo bemüht sich, besser zu werden. Sieh es als Gladiatorenschule. Nur wer besser werden will, ist gut. Und wirklich gut ist nur der Beste. It's the struggle for life, Kim.« Sie hörte seine Stimme, sein Herz. Ihre Fingernägel waren rot lackiert. Ihre Zimmergenossin Henriette saß ebenfalls dort unten am Tisch, direkt neben Tuna. Sie hatte einen Bowl mit geröstetem Blumenkohl und Mangold, geröstetem Sesam und Cranberrys. Das Wasser lief Kim im Mund zusammen.

Oder war es Schweiß?

Schweiß im Mund?!

Kim hörte eine Stimme, die von ganz weit her an ihr Ohr drang. Nein, diese Stimme gehörte nicht in diesen Traum, sie war zu nervend.

»Go! Keep going! Don't stop! Don't dream!«

Kim hatte tatsächlich vor sich hin geträumt. In Wirklichkeit schwebte sie in keinem Wolkenschiff über dem *Big Rest*, lag nicht bei Julian im Arm, sondern sie ging die graue Linie entlang, die sie immer und immer wieder im Kreis herumführte. Der Blick auf die *Watch* sagte Kim, dass ihr Puls bei 102 lag und die Atmung erhöht war. Sie musste immer nur der Linie folgen, Runde um Runde wie der Zeiger auf dem Zifferblatt.

»Are you sleeping? Go!«

Ted gab das Tempo vor. Immer im Kreis gehen. Einmal, zweimal, dreimal, viermal ... Dieses Gehen war so eintönig gewesen, dass ihre Gedanken abgeschweift waren.

»Don't sleep! Go run! Start running!«, trieb Ted sie an.

Sie lief los wie ein Pferd in der Manege.

»Faaaaster!«

Er schwang einem Zirkusdirektor gleich mit seinen Worten die Peitsche: »Ruuuuun!«

Der Raum war wie ein Würfel, kahl und weiß und klimatisiert. Trotzdem schwitzte sie. Kameras hingen an den Wänden, den Decken und über den Fußbodenleisten, es war ein Raum voller Augen. Sie beobachteten Kim, das Mädchen mit dem leicht pausbackigen Gesicht und dem strohblonden Pferdeschwanz, das so gerne träumte. Kim lief schneller und schneller. Diese Kameraaugen registrierten jeden Punkt an ihrem Körper, jede Bewegung, die Knie, Po, Schultern, Bauch, Brust, Hüften – keine Regung entging diesen Augen, die niemals blinzelten, niemals schliefen, immer wach waren wie ein Raubtier, dessen Beute sich vor seiner Nase im Kreis bewegt.

»Hey, faster! Faaaster!«

Es wurde ihr zu schnell. Sie konnte fast nicht mehr, atmete hektisch. Sie war der Sekundenzeiger auf diesem Zifferblatt. Der befehlsgebende Ted saß hinter der verspiegelten Scheibe in einer Kammer vor dem Bildschirm und hatte sicherlich Kims Datei aufgerufen: Kim van Ter, 15 Jahre, 9. Klasse, 1,66 Meter, grüne Augen, BMI 19,2, 53 Kilogramm, Grundumsatz … in der Ruhephase … Kim wusste, dass ihre Körperdaten nicht optimal waren. Ein BMI von 17,1 war ihr Ziel. Sie sah sich selbst in der Scheibe, sah den weißen Raum, der sich darin dunkel spiegelte. Taille, keine Wespentaille. Nichts bewahrt uns mehr vor der Selbstüberschätzung als ein Blick in den Spiegel.

Ted wurde lauter: »Don't let up, Kim!«

Nein, sie ließ nicht nach. Sie lief, als laufe sie um ihr Leben. Die KI *Brain* brauchte ihre Bewegungsabläufe, sowohl die langsamen als auch die schnellen. *Brain* brauchte Informationen. Früher hatte die KI jeden Schüler an seinen biometrischen Gesichtsdaten erkannt, aber das Tragen von Kappen, Mützen oder Masken konnte *Brain* ablenken. Die Bewegungsdaten eines jeden Menschen jedoch waren unverwechselbar. So wurden nun die Bodydaten gescannt, deshalb musste Kim im Kreis laufen.

Sicherheit und Selbstoptimierung waren die beiden wichtigsten Prinzipien am Galileo.

Kim stellte sich Teds Gesicht vor. Mitte dreißig, rötlicher Fusselbart, und schlampig sah er aus in seiner zerschlissenen Jeans und dem ausgeblichenen Metallica-T-Shirt. Er war der Leiter der Technik im Galileo. Eine Machtposition, die er auskostete. Denn das Scannen der Bodydaten hätte er auch von einem Assistenten machen lassen können, aber warum? Es machte ihm Spaß, sie zu dirigieren. Da war Kim sich sicher. Sie stellte sich vor, wie er hinter der Scheibe seine *Cola Light* trank. Sie selbst bekam davon stets einen faden Geschmack im Mund. Das miese Karma kam vom Zuckerersatz.

Sie lief in schwarzen Leggings, schwarzem langärmeligem und eng anliegendem T-Shirt. Genau so war es ihr vorgeschrieben worden. Sie hörte ihre Schritte und spürte ihre Brüste, die sich auf und ab bewegten. Es war ihr peinlich vor Ted, der sich womöglich hinter der Scheibe darüber amüsierte. 18.13 Uhr. Gleich würde sie Julian wiedersehen, mit ihm aufs Zimmer gehen, sie würden sich küssen und …

»Slow down, please!«, sagte Ted. Sein Amerikanisch war breit wie das von einem Texasranger, dabei kam er direkt aus dem *BrainVision* Headquarter in Silicon Valley, Califonia. Teds Nachname kannte Kim nicht. Die Leute von *BrainVision* wurden nur mit Vornamen angesprochen, ein Vorname ist anonymer als ein Nachname. Zu oft schon waren die Mitarbeiter des Konzerns hier in Berlin von Aktivisten privat belästigt worden. Das wollte die Firma vermeiden.

Erst jetzt, wo Kim langsamer wurde, spürte sie die Anstrengung. Sie hob ihr Stirnband an und wischte sich den Schweiß darunter weg. Ein weiterer Blick auf die *Watch* zeigte ihr den Puls. Er war zu hoch, genau wie der Blutdruck. Vielleicht irritierte der Schweiß die Datenübermittlung von der Haut auf das Stirnband. Kim hasste diese Ungenauigkeiten. Sie ersehnte den Chip, der ihr bald injiziert werden sollte.

»Stopp!«, hörte sie Teds Stimme. »Du bist fertig. Schick bitte den Nächsten rein. Es müsste Ben sein.«

»Okay«, sagte Kim in Richtung der verspiegelten Scheibe und drehte sich zur Tür. Sie erschrak, denn gerade als sie die Klinke hatte herunterdrücken wollen, senkte sich diese wie von Geisterhand, und die Tür ging auf.

»Buh!«, machte Ted und fand sich witzig.

Kim hatte ihn hinter der Scheibe und nicht hinter der Tür vermutet. Da stand er, sein Gesicht dicht vor ihrem. Milchige Augen, weder blau noch grün noch grau.

»Headset«, sagte er. »Ich kann von überall mit dir reden. Von überall. Headset. Klingt irgendwie rhythmisch. Headset.« Er kam sich extrem cool vor, wie er jetzt rhythmisch mehrmals das Wort »Headset« sagte und dazu mit den Fingern schnippte.

Hinter Ted betrat Ben den Raum, er trug ebenfalls schwarze Leggings, ein schwarzes T-Shirt und sah damit aus wie ein schmallippiger Balletttänzer. Wo war sein Stirnband? Vorgestern hatte Kim ihn noch im Chemielabor damit gesehen.

»Hab mich gestern chippen lassen. Ein Termin war frei geworden«, sagte er im Vorübergehen.

»Und?«, wollte Kim wissen.

»Wehgetan hat es bestimmt nicht«, mischte sich Ted ein. »Ein kurzer Piks in die Schläfe, schon ist das Leben leichter.«

»Ich weiß.«

»Warum fragst du ihn dann?« Ted starrte ihr dreist in die Augen. »Du träumst einfach zu viel. Das kannst du nachts machen, nicht hier bei mir. Oder willst du Daydreamer werden?« Er war belehrend wie ein alter Typ, der seinen Frust an jungen Mädchen auslässt. Vermutlich hatte er sich alles im Leben erarbeiten müssen und beneidete daher Kim und ihre Mitschüler, die einfach reiche Eltern hatten. Sonst wären sie wohl kaum auf dem Galileo.

»Träumen ist schlecht, wach sein ist gut. Das weißt du doch?«

Kim wich Teds fragendem, hartem Blick aus und landete bei einem goldenen Käfer, den er an einer feinen goldenen Kette um den Hals trug.

»Bald wirst du die Letzte mit einem Stirnband sein«, bemerkte Ben hämisch, bevor er hinter Ted in den Kubus marschierte. Irgendwie passten er und Ted gut zusammen. Kim kotzten solche fiesen Kerle an, vor allem jene, die sich dabei auch noch cool vorkamen.

Sie lief über den Flur. Der alte Google-Spruch *Don't be evil!* prangte auf dem Sperrbildschirm ihres Handys. Julian hatte noch nicht geschrieben. Der Boden war grau und glatt, Kim dachte an den grauen Strich, auf dem sie eben im Kreis gelaufen war. Es war gut, dass *Brain* sie jetzt überall identifizieren konnte. Falls etwas schieflief, könnte ihr *Brain* sofort helfen. Und falls eine fremde Person das Schulgelände betreten sollte, würde sie sofort entdeckt. Sicherheit und Glück waren zwei Seiten einer Medaille. Rechts und links gingen knallrote Türen ab. Vielleicht hatte sich Kim deshalb eben rote Fingernägel geträumt. Denn sie durfte sich die Nägel nicht lackieren. Ihre Mutter hatte es verboten.

Hinter einer der Türen befand sich der Datenknoten von *Brain*. Die Daten vom Galileo wurden nach Kalifornien zur Zentrale an *Brain Vision* übermittelt und hierher zurück zu *Brain* geschickt. Im Silicon Valley gab es noch eine weitere Schule mit Namen Galileo. Demnächst sollten zwei neue Galileos in Südkorea und eines in New York entstehen. Die Firma war an der US-Börse zu einem mächtigen Unternehmen angewachsen. Ihr Gründer und Selfmade-Milliardär Jon Hummer galt als der größte unter den Visionären, größer als die schon in die Jahre gekommenen Musk und Zuckerberg. Die Aktionäre hofften weiterhin auf revolutionäre Fortschritte durch den Chip, den die Schüler sich injizieren ließen. Spektakuläre Updates sollten in den kommenden Tagen folgen.

Am Ende des Flurs trat Kim aus der Glastür in eine nicht klimatisierte Welt. Die hellen Gebäude des Galileo wirkten wie gigantische, gebogene weiße Schachteln, die im Kreis angeordnet waren. Verbunden wurden sie durch überdachte Wege. Sie boten Schutz gegen Regen und Sonne. Insgesamt gab es acht Schulgebäude, darunter den Fitness-, den Sprachen-, den Mathematik- und Informatik- sowie den Office-Trakt. In der Mitte all der Gebäude lag das runde Atrium. Sein Dach war schwarz. Umgeben war das Gelände samt Sportplatz von einer hohen geschwungenen Backsteinmauer. Niemand sollte über die Mauer sehen können. Von oben sah das Galileo-Areal aus wie ein gigantisches Auge, das in den Himmel starrte.

Kim schaute hinauf zur Sonne. Ihre Kontaktlinsen schützten sie vor der UV-Strahlung und dimmten das Licht. Es war Mai, doch das Gras auf dem Campus war augustbraun geworden. Die elektronisch gesteuerte Sprinkleranlage war seit einer

Woche defekt. Die Sprüher blieben einfach im Boden. Der trocknete langsam aus und machte keine Geräusche mehr, kaum ein Insekt, das hier leben wollte, keine Wespe, keine Biene.

Kim schwitzte, sie fühlte sich schmutzig.

Schweiß war ein Zeichen von Schwäche.

»Du bist nicht austrainiert.« Das hatte ihr Julian gesagt.

»Nicht austrainiert«, murmelte sie. Genau so kam sie sich jetzt vor: nicht austrainiert! Dabei waren ihre Körperfette nur minimal erhöht.

Sie schritt unter dem Vordach entlang und spürte wieder diesen Kopfschmerz, er entwickelte sich unter dem Stirnband wie ein lästiges Insekt. Am liebsten hätte sie sich das Band weggerissen und nie wieder angezogen. Aber das ging nicht, dann wäre sie nicht mehr mit *Brain* verbunden.

Beim Mathematiktrakt warf sie einen Blick in den *Little Rest*. Jeder Lerntrakt hatte seinen eigenen *Little Rest*. Dort konnten die Schüler zwischen den Lerneinheiten essen und ein wenig entspannen. Entspannung war nötig, um neue Energie für neue Aufgaben zu tanken. Niemand auf dem Galileo ruhte sich nur aus. Jedes Ausruhen diente dazu, sich danach besser konzentrieren zu können. Alles macht einen Sinn, wenn du ihm Sinn gibst. Jeder Atemzug bringt dich weiter voran.

Im *Little Rest* hingen ältere Schüler ab. Der Bot

an der Essensausgabe bediente gerade einen Jungen, der braunes Haar wie Julian hatte, breite Schultern, schmale Hüften, und wie Julian trug er Sneakers. Als er sich jedoch mit dem Tablett umdrehte, war es nicht Julian, sondern irgendwer, den Kim nicht kannte.

Sie schrieb Julian an: »Wolltest du dich nicht melden?« Doch bevor sie die Nachricht schickte, betrachtete sie noch einmal kurz die Worte. Nein, das konnte sie nicht schreiben, es klang zu fordernd. Sie schrieb: »Vermisse dich. Wo bist du?« Das wiederum klang extrem jämmerlich. Sie löschte auch diese beiden Sätze, tippte und löschte, tippte und löschte. Es war schwierig, jemanden, den man liebte und niemals verlieren wollte, darauf hinzuweisen, dass er gerade ein Date mit einem verpasste.

Ausgerechnet Nai kam auf sie zu. Die Schönheit der Welt auf einem Meter einundsiebzig. Es gab kein hübscheres Mädchen auf dem Galileo. Zierlich wie ein asiatischer Vogel, Handgelenke wie Zweige. Sie mochte Kim, ihr aber war Nai ein wenig unheimlich, sie war einfach zu perfekt. Selbst das Muttermal saß genau an jener Stelle schräg über dem Mundwinkel, wo es sitzen sollte, um aus einem makellosen Gesicht ein schönes Gesicht zu machen. Nai kümmerte sich nicht um die Jungs auf dem Galileo, denn sie interessierte sich nur für Jungs von *MeGo*. Auf dem Sozialen Netzwerk wurde die Influencerin

Nai in China von jungen Männern verehrt, die ihr digitale Geschenke machten. So reich wie sie war, hätte Nai die Schule auch bequem selbst zahlen können. Sie begrüßte Kim, umarmte und drückte sie. Kim schämte sich, weil sie so verschwitzt war.

»Wo ist Julian?«, fragte Nai.

»Weiß nicht.« Warum wollte sie wissen, wo Julian war? Kim schaute auf Nais pinkfarbene Handtasche. Da passte schon mehr rein als nur Lippenstift und Nagelfeile. »Wo willst du denn hin?«

»Ich bekomme heute Abend meine Injektion an der Klinik in Spreenhagen. Morgen früh bin ich wieder raus und spätestens zum Mittagessen zurück im Galileo. Das hab ich dir doch gestern schon erzählt.«

Kim nickte, aber sie wusste es nicht mehr. Ihr Kopf war übervoll mit Julian. Das ständige Streiten und Vertragen, Hassen und Lieben, es machte sie fertig. Erst gestern Abend hatte sie sich wieder mit Julian gestritten, weil er so kalt geworden war, so gnadenlos in seinem Urteil gegenüber anderen Schülern. Vielleicht hatte sie sich deshalb mit ihm in ein Traumschiff geträumt?

»Ich freue mich jedenfalls schon«, sagte Nai. »Morgen bin ich eine neue Nai. A new Nai. Das klingt gut.«

Kim fragte sich, was an dieser New Nai noch besser sein könnte.

»Zudem bekomme ich vom Datenband Kopf-schmerzen.« Dabei strich sie sich kurz über das Band auf der Stirn und verzog das Gesicht.

»Geht mir genauso«, sagte Kim.

Ein paar Jungen, die gegenüber am Sprachentrakt unterwegs waren, schauten zu den beiden Mädchen herüber. »Hey, Nai!«, rief einer. Er mochte in der sechsten Klasse sein und versuchte sich vor seinen Mitschülern großzutun. Nai winkte zu ihm hinüber, was dazu führte, dass die Jungen ihren mutigen Mit-schüler abklatschten.

»Kinder«, sagte Nai. »Wann ist denn dein Ter-min?«

»Meine Mutter sagt, dass ich weit oben auf der Liste stehe, falls jemand ausfällt.«

Als Nai sie nun zum Abschied wieder umarmen wollte, zuckte Kim zurück. »Ich bin im Scan gewe-sen, muss mich duschen.«

»Und ich bin in Hongkong aufgewachsen«, kon-terte Kim. »Da gibt es keine Sekunde ohne Schweiß. Das Wasser und die Luft verbinden uns. Die Leute in Hongkong atmen Schweiß.« Mit diesen Worten nahm Nai sie in den Arm und wieder fühlte sich Kim unwohl. Als sie sich trennten, schaute sie ihr hinterher. Was für eine Schönheit. Sie war ein fe-derleichter Engel mit schwarzem Haar, der in einem weißen knöchellangen Kleid davonschwebte.

Zurück in ihrem Zimmer besah Kim sich kurz im

Schrankspiegel und betrachtete das Foto von Julian, zog es größer. Er war süß, und sofort hatte sie wieder Magenkribbeln, als hätte sie Brausepulver in den Adern. Enge Jeans, Daunenjacke, Mütze. Auf dem Foto war er vor dem Haus seiner Eltern in Tirol zu sehen. Seit einem halben Jahr waren sie zusammen, sie aus den Niederlanden und er aus Tirol. Flachland – Berge. Deich – Alm. Bis auf die Kühe waren ihre Heimaten so grundverschieden wie Hunde und Katzen.

Kims Kopfschmerzen wurden stärker – als würden die sieben Zwerge und Schneewittchen mit Spitzhacken von innen gegen ihren Schädel hämmern. Sie zog sich das Datenband über Kopf und Pferdeschwanz und legte es auf den Schreibtisch. Es war aus elastischem Kunststoff und mit winzigen Härchen besetzt. Kein Schweißtropfen blieb daran kleben.

Im Bad stellte sie sich unter die Dusche. Das Wasser war kalt, sie hatte eine Gänsehaut, und dann war es eine einzige Wohltat. Kim atmete tief ein. Die Kopfschmerzen ließen nach, während das Wasser wärmer wurde. Länger als fünf Minuten durfte niemand duschen. Schließlich war Wasser kostbar, einige der Nebenarme der Spree waren schon ausgetrocknet, und Berlin hatte Angst zu verdursten.

Gerade wollte sie sich einseifen, da klopfte es.

»Hallo?« Julians Stimme.

Sie hatte vergessen die Wohnungstür abzuschließen.

»Bist du da drin?«, fragte er.

»Jaha!«, antwortete sie.

»Ich muss mit dir reden!«

»Gleich! Warte!«

Julian trat trotzdem sofort ein. Kim sah ihn durch den halbdurchsichtigen Duschvorhang. Sie schob ihn ein wenig zur Seite und sagte: »Was möchtest du?« Sie hatte nun Sätze wie »Ich hab dich vermisst« oder »Ich wollte dich sehen« oder einen blöden Spruch wie »Lass uns Sex haben« erwartet.

Julian sagte schlicht: »Jojoe ist tot.«

Das Wasser lief Kim am Rücken entlang, der Duschvorhang klebte wie eine zweite Haut auf ihrer Schulter. Hatte sie Julian falsch verstanden? Er reichte ihr das Handtuch in die Dusche. »Hab ihn die Treppe hinuntergestoßen. Ich warte im Zimmer auf dich.«

Sie rubbelte sich das Haar trocken, wickelte sich in das feuchte Handtuch und knotete es über der Brust zusammen. Zu ihrer Verwunderung saß Julian entspannt auf dem Bett.

»Schließ ab«, befahl er und deutete auf die Wohnungstür. Was sollte dieser Befehlston? Erst jetzt schob er ein »Bitte« und die Erklärung hinterher. »Oder willst du, dass Henriette einfach hereinplatzt?« Das wollte sie natürlich nicht. Während sie noch den Schlüssel im Schloss herumdrehte, sagte er: »Jojoe ist auf den Hinterkopf gefallen. Da konnte ich nichts für. Stein ist härter als ein Schädel.«

Langsam erst ließ Kim den Gedanken zu, dass wirklich etwas Schreckliches passiert sein konnte. Sie setzte sich neben ihn und schaute ihm in die Augen. Sie waren blau wie immer, doch gerade schienen sie ihr kalt wie ein Bergsee. Sie strich ihm liebevoll mit zwei Fingern die Haare aus der Stirn.

»Er liegt einfach nur da«, fuhr Julian fort.

»Wo?« Die Frage war überflüssig, denn es gab nur eine einzige Treppe im Galileo, eben jene im Atrium. Alle anderen Gebäude waren eingeschossig.

»Er hat mich geschlagen.« Julian zog den kurzen Ärmel seines T-Shirts noch ein wenig höher und wollte ihr den blauen Fleck zeigen. Doch da war nicht einmal eine Rötung auf seinem Oberarm. »Du musst bezeugen, dass er mich geschlagen hat.«

»Was redest du da?«

»Es ist wichtig. Notwehr war das. Verstehst du?«

»Wir müssen zu Mrs. Smith und den Vorfall melden.«

»Nein«, sagte er. »Im Atrium war niemand außer Jojoe und mir. Wenn keiner fragt, sagen wir einfach gar nichts. Falls doch, bezeugst du, dass es Notwehr war.«

»Und *Brain*?«

Julian schien jetzt erst zu dämmern, dass *Brain* mit ihren Kameras im Atrium alles gesehen haben musste. Er fluchte: »Wegen dem Loser gehe ich nicht vom Galileo.«

»Rede nicht so über Jojoe. Er ist tot.« Kim zögerte und fragte noch einmal: »Ist er wirklich tot?«

»So viel Blut, der muss tot sein.« Julian sagte es kalt.

Was war los mit ihm? War das der Schock?

Kim wollte ihn in den Arm nehmen, aber er wehrte sie ab.

»Jojoe hat mich provoziert. Mord können sie mir nicht anhängen.«

»Hör auf. Du hast es nicht absichtlich gemacht. Wir müssen zu Mrs. Smith.«

»Das würde dir so passen. Ich soll zu Mrs. Smith, weil du sonst auch Ärger bekommst, wenn sie mich erwischen.«

»Don't be evil«, sagte sie. »Please.«

»Ich hab keine erfolgreiche Mutter wie du. Du bist nicht auf ein Stipendium angewiesen. Du kannst dich gar nicht in meine Lage versetzen.«

Das stimmte. Schließlich war ihre Mutter Janne in der niederländischen Botschaft in Berlin beschäftigt. Julian hingegen stammte von einem Bauernhof, die Eltern hatten drei Pferde, zwei Ponys, ein paar Ziegen, Hühner und vermieteten Zimmer an Gäste mit Kindern. Hätte Julian nicht das *BrainVision-*

Stipendium erhalten, wäre er garantiert nicht hier. Er war hochbegabt, doch jetzt war da nur noch Wut in seinen Augen, es war die Wut auf die Welt und die Wut auf Kim.

Sie streckte ihm die Hand entgegen: »Mrs. Smith wird dir nicht gleich den Kopf abreißen, sie wird dich unterstützen. Immerhin kann das Galileo keine negativen Schlagzeilen gebrauchen.«

Julian lehnte auf dem Bett und überlegte. Dann nahm er ihre Hand. »Du hast recht. Es tut mir leid. Ich wollte dich nicht verletzen.«

»Schon okay«, sagte sie und küsste ihn.

Hand in Hand verließen sie Kims Zimmer. Sie waren ein hübsches Paar, wie sie nun über den Flur gingen. Beide fast gleich groß. Sie hatte gelocktes, schulterlanges Haar und ihm waren die Stunden im Fitnesstrakt anzusehen. Kim schaute ihn an, er lächelte, jedenfalls waren beide Mundwinkel nach oben gebogen, aber seine Augen lächelten nicht mit.

Im Chat kursierte schon die Nachricht von Jojoes Tod. Es wurde spekuliert, was passiert sein konnte. Keiner wusste etwas Genaues. Miro aus der Sieben hatte die Leiche im Atrium gefunden – blutüberströmt.

»Wir müssen uns beeilen«, sagte Kim.

Vor dem Eingang zum Atrium pulsierte eine aufgeregte Traube Schüler. Zwei Security-Leute in den blauweißen Uniformen von *BrainVision* hatten Position bezogen und ließen keinen rein. Schweiß brannte in Kims Augen. Sie hatte das Stirnband vergessen.

Im Sekretariat saß Frau Peters. Sie war eine der wenigen Deutschen im Galileo. Und sie war die Einzige, die mit Frau angesprochen wurde. Frau Peters war sehr rundlich und ihre Stimme sehr dominant. Sie trug weite Kleider, in denen sie ihr Übergewicht verbergen konnte. In einem harten Englisch sagte sie: »Mrs. Smith ist zurzeit nicht zu sprechen.«

»Wegen Jojoe?«, fragte Kim.

Frau Peters schaute wortlos von ihrem Bildschirm auf.

Am liebsten hätte Kim gefragt, ob es schon einen Verdächtigen gab. Doch sie sagte nur: »Wir kommen später wieder.«

Julian aber ließ Kims Hand los und sagte: »Ich warte hier.«

»Es kann länger dauern«, entgegnete ihm Frau Peters sachlich.

Doch Julian blieb bei seinem Entschluss. So saßen Kim und Julian in der gelben Sitzecke auf dem Flur vor Mrs. Smiths Büro und warteten. In jedem Trakt waren die Wände weiß und die Böden grau, nur die Türen, Bänke, Stühle und Tische waren farbig – hier im Office-Trakt dominierte das Gelb, im Jungentrakt ein helles Grün, Blau im Naturwissenschafts-, Grau im Philosophietrakt und so weiter. So wusste jeder jederzeit, in welchem Trakt er sich gerade befand. Schließlich ähnelte sich das Innenleben der Schuhschachteln sonst zu sehr.

»Sollen wir mal zum Atrium gehen?«

»Nein«, sagte Julian. »Ich bleibe.«

Kim wollte ihn küssen, er wich zurück.

»Warum bist du plötzlich wieder so?«

»Wie meinst du das?«

»Ja, warum darf ich dich nicht anfassen und nicht …«

»Die Frage kannst du dir selbst beantworten.«

»Hab ich was falsch gemacht?«

»Du denkst immer, dass alles an dir liegt.«

»Und warum bist du dann so zu mir?«

Er drückte mit dem Zeigefinger zweimal auf die Tischplatte. Eine DIN-A4-große Fläche wurde weiß in all dem Gelb des Tisches. Julian zog das Weiß größer und klickte sich auf seinen Arbeitsscreen. Sämtliche Arbeitsblätter und Daten waren in der *BrainCloud* gespeichert, sodass jeder überall arbeiten konnte. Er sagte nichts, Arbeit war seine Antwort. Arbeiten, lernen, arbeiten, lernen, sich optimieren … Das war es, was er wollte. Sonst nichts. Kim wurde schwer zumute. Schweigen ist die schwerste aller Strafen. Und wofür bestrafte er sie? Sie hatte ihm nichts getan.

Julian löste eine Textaufgabe. Es ging um den Brennwert von Holz. Buchstaben und Zahlen.

Nicht stetig differenzierbare Funktionen. In Ökologie hatte sie gelernt, wie viel Kohlendioxid in einer ausgewachsenen Birke oder einer Buche gebunden ist. Alles war messbar, kalkulierbar, jeder Baum und jeder Mensch, alles hatte seinen Wert und seinen Sinn. Die Kamera über Mrs. Smiths Türrahmen hatte Kim im Blick.

Sie schaute in das glänzende Auge. *Wer Sicherheit der Freiheit vorzieht, ist zu Recht ein Sklave.* Ihr Großvater Steven hatte ihr heute den Spruch geschickt, er war absolut gegen jede Form von Überwachung. Und strikt gegen den neuen Chip, den sich Lehrer und Schüler zur weiteren Optimierung einsetzen lassen konnten. Dabei war Steven van Zandt selbst Nanotechnologe. »Dieser sogenannte Chip ist in Wirklichkeit ein *Clump of Nanobots*, der dir in die Schläfe gespritzt wird. Sobald der Klumpen Roboter eingeführt ist, werden sich die winzigen Maschinen voneinander lösen und an zentralen Stellen in deinem Körper andocken, sich im Nerven- und Blutsystem verteilen, miteinander kommunizieren und Befehle geben. Und über allem schwebt die KI *Brain*. Willst du das etwa?« Ja, sie wollte es. Und ihre Mutter Janne wollte es auch. Was sollte schlecht daran sein? Schließlich wollte *Brain* nur das Beste für jeden. *Brain* wusste, was gut für Kim war.

Absätze klackten …

Das Geräusch riss Kim aus ihren Gedanken. Mrs. Smith schritt den Flur entlang. Neben ihr lief Ted. Das künstliche Flurlicht ließ seine Haut noch blasser wirken. Kim atmete tief ein und erhob sich.

Die Direktorin, Mitte fünfzig, kein Gramm Fett zu viel und akkurater Bob, betrachtete Kim und sagte: »Hallo Kim.«

Die schämte sich einen Moment für ihr zu kurzes Kleid.

»Ich bin in Eile, Kim.«

»Dafür müssen Sie sich bitte Zeit nehmen, Mrs. Smith. Es hat mit Jojoe zu tun. Julian will Ihnen etwas in der Sache mitteilen.«

Mrs. Smith sprach Julian direkt an: »Ist es wichtig, was du mir zu sagen hast, Julian?«

»Ja, Mrs. Smith.«

»Dann komm mit.«

Kim wollte ebenfalls mitgehen, doch die Direktorin wies sie zurück: »Oder hast du eine Neuigkeit, die ich nicht von ihm erfahren werde?«

Kim war eine solch grobe Unhöflichkeit von Mrs. Smith nicht gewohnt und sagte bockig »Nee« auf Niederländisch. Es war ihr herausgerutscht. Mrs. Smith winkelte den Kopf an wie eine Gottesanbeterin und betrachtete Kims Stirn.

»Ich habe es vergessen«, entschuldigte sich Kim.

»Wenn du das Datenband vergisst, vergisst dich *Brain*. Wie soll sie dir helfen, wenn sie keine Daten von dir empfängt? Gut ist niemals gut genug, nur besser sein zu wollen, ist gut. Das weißt du doch?«

»Ja, Mrs. Smith.«

»Halte dich also an unsere Regeln. Und dein Niederländisch kannst du daheim reden, wir sprechen hier Englisch.«

Ted grinste. Ihm gefiel es, wie Kim da zusammengefaltet wurde.

Kim sagte: »Ich warte dann auf dich, Julian.«

Die drei verschwanden hinter der Tür der Direktorin, auf der *Principal Prof. Dr. Aluna Smith* stand. Es machte klick, die Tür war zu.

Aus und vorbei.

Julian hatte sie nicht einmal mehr angeschaut, geschweige denn sich verabschiedet. Was sollte sie nun tun? Sitzen bleiben wie ein angebundener Hund? *Aluna Smith*. Was für ein Vorname war *Aluna* eigentlich? Kim googelte. Dort stand, der Name sei vermutlich Suahelisch. Er hieße Annäherung. Wo sprechen die Leute denn Suahelisch?, fragte sie sich und googelte auch das. »Ostafrika«, war die Antwort.

Ihre *Watch* vibrierte. Das Feld Elektrolytwerte leuchtete rot, sie solle *Hickwater* trinken, schlug *Brain* vor. Doch sie ignorierte deren Befehl, und wartete weiter vor der Tür, statt zum nächsten *Little Rest* zu gehen.

Erneut sah sie hinauf zur Kamera. Das Objektiv

spiegelte den Flur. Kim stellte sich vor, wie sie … Da öffnete sich die Tür zum Sekretariat wieder und heraus trat Julian.

»Und?«, fragte sie erwartungsvoll.

»Wir haben die Aufnahmen aus dem Atrium angeschaut. Ich war überhaupt nicht anwesend, als Jojoe gestolpert ist.«

»Hä? Du hast ihn doch die Treppe hinuntergestoßen?«

»Das habe ich mir nur eingebildet, sagt Mrs. Smith. Ich war ja überhaupt nicht im Atrium zum Zeitpunkt des Unfalls.«

Kim hörte, was er sagte, aber begreifen konnte sie es nicht. Er drückte ihr einen flüchtigen Kuss auf die Lippen, schaute auf die *Watch* und sagte: »Es ist Pause. Komm.« Sie lief neben ihm her den Flur entlang, kein Händchenhalten, kein Blick, nichts. Lehrer kamen ihnen entgegen. Sie sahen es nicht gerne, wenn Schüler Pärchen bildeten. Körperlicher Kontakt war nicht verboten, aber ungern gesehen.

Kaum dass sie den Office-Trakt verlassen hatten, kam Kim zum Punkt: »Was ist das für ein Quatsch? Du hast doch Jojoe gestoßen?«

»Beruhig dich. Ich hab mich vertan.«

»Wie, vertan?« Kim beschirmte ihre Augen, um Julian trotz der Sonne besser erkennen zu können. »Wenn du nicht im Atrium gewesen bist, wie konntest du dann wissen, dass er tot ist?«

»Aus dem Chat. Jeder weiß davon aus dem Chat. Du doch auch.«

»Nein, ich wusste es schon vorher – und zwar von dir.«

»Mrs. Smith meint, ich habe mir Jojoes Tod so sehr gewünscht, dass ich mir das selbst eingeredet habe.«

»Blödsinn.«

»Du musst nicht so laut reden, Kim. Das ist nicht nötig.«

Sie versuchte runterzukommen und sagte möglichst ruhig: »Er ist tot. Ist dir das klar? Tot.«

»Jojoe war ein mieses Arschloch. Er wäre sowieso vom Galileo geflogen. Also, was kümmert er dich noch?«

»Boah, bist du heftig drauf«, platzte es aus Kim heraus.

Tuna und Merle kamen auf sie zu. Die beiden Mädchen aus ihrer Stufe hatten dunkles Haar, Stupsnasen und beide trugen das gleiche hellgrüne Kleid mit dem Karomuster. Sie hätten Schwestern sein können, obwohl die eine türkische und die andere deutsche Eltern hatte.

»Hey, habt ihr das von Jojoe gehört?« Für Tuna war sein Tod eine Sensation, Clickbaiting pur, endlich passierte etwas außer der Reihe. »Furchtbar, wirklich furchtbar ist das!«

»Ja, tragisch«, sagte Julian kurz angebunden.

Kim wollte weiter, aber Tuna und Merle blieben

direkt vor ihnen stehen. Ohne unhöflich zu sein, konnten weder Kim noch Julian sie einfach umschiffen. Sie saßen fest auf diesem schmalen gepflasterten Weg, der am Bürotrakt entlangführte.

Also redete nun Merle: »Ich glaube nicht, dass er gestolpert ist.« Sie kämmte sich dabei mit den Fingern das schwarze glatte Haar zurück. »Der hat sich bestimmt umgebracht, so mies, wie der drauf war. Der Suizidi.«

»Suizidi!«, wiederholte Tuna und kicherte. »Erinnert ihr euch, wie er sich in Physik das Band vom Kopf gerissen und ›Ich fordere die Freiheit der Gedanken!‹ gerufen hat? Der Idiot! Was der bei uns auf dem Galileo gesucht hat, ist mir echt schleierhaft.«

Kim unterbrach Tuna: »Ich finde das Band auch blöd. Und ein Idiot war Jojoe nicht. Vielleicht unangepasst oder so.«

»Genau.« Merle deutete auf Kims Stirn. »Deshalb hast du dich auch chippen lassen. Und er nicht. Weil er ja so schlau war.«

»So hab ich das nicht gemeint«, sagte Kim, aber Merle zeigte schon hinüber zum Atrium, wo die Securitys die Flügeltüren aufzogen. Die Schülertraube bildete sogleich eine Gasse. Zwei Männer trugen eine graue Kunststoffkiste heraus.

»Darin liegt Jojoe«, sagte Tuna.

Statt weiter zu reden, liefen die Mädchen nun Hand in Hand quer über die Wiese zum Atrium.

»Traurig«, sagte Kim. »Jetzt liegt Jojoe im Sarg.«

»Ja, so kann man auch die Schule verlassen«, entgegnete Julian.

»Sehr witzig. Du kannst dich gleich mit den Geschwistern Giftig zusammentun.«

»Sollen wir was trainieren?«

»Wie meinst du das?«

»Hallo Kim, aufwachen! Ich vermute, es ist jetzt leer in der Cardio. Ich will heute noch aufs Speedbike. Und du?«

Kim war fassungslos. »Jojoe ist tot.«

Wieder vibrierte ihre *Watch.*

»*Hickwater*«, sagte er. »Trink erst mal was. Wir sehen uns gleich in der Cardio. Warte auf dich.« Wie beiläufig und als sei nichts geschehen, gab er ihr einen Abschiedskuss.

Das war zu viel für sie. Wie konnte er nur so eiskalt sein?

Als Kim die Tür zum Mädchenflur öffnete, erblickte sie ihre Zimmergenossin Henriette durch das Glas. Rotes Haar, breiter Mund, Sommersprossen, helle Haut und sehr hübsch. O nein! Nicht Henriette, nicht jetzt. So gerne sie Henriette hatte, jetzt war Kim nicht nach Reden zumute.

Sie drehte ab. Wohin sollte sie laufen? Auf keinen Fall zur Cardio und auf keinen Fall hinüber zum Atrium.

Zügig ging Kim den asphaltierten Weg weiter entlang zum Sportplatz, der von einer roten Tartanbahn umgeben war. Sie ließ die Sportanlage links liegen und schritt daran vorbei auf eine gigantische Trauerweide zu. Wie ein Hut mit Krempe thronte der Baum auf der gelben Wiese. Seine Zweige und Blätter reichten hinab bis zum Boden. Glichen die Schulgebäude, von oben betrachtet, dem Glaskörper eines Auges, so waren Sportplatz und Weide das Schlupflid. Der Baum war das einzige Grüne auf dem Gelände, er holte sich das Wasser aus den Tiefen der Erde. Zweiundzwanzig Meere gab es im Erdmantel. Eines dieser Meere musste die Weide mit ihren Wurzeln ertastet haben.

Kim durchschritt den Vorhang aus Blättern und Zweigen. Im Reich des Baumes war es schattig; eine andere Welt und eine anderen Zeit schienen hier zu herrschen.

Sie hockte sich an den Stamm, die Rinde pikste an ihren Schulterblättern, doch sie genoss die Ruhe. Ab und an, wenn sie alleine sein wollte, zog sie sich hierher zurück. Zwerge und Trolle gab es in Fantasiegeschichten. Wenn es auf dem Galileo einen verwunschenen Ort für solche Wesen gäbe, dann wäre er genau hier, ein Ort für Tagträumer, genau dort, wo sich beim Schlafen der Sand im Auge sammelt.

Irgendwas juckte sie am Nacken. Als sie sich kratzte, war da ein kleiner schwarzer Käfer auf ihrer

Hand. Wie hübsch, dachte Kim. Der Käfer streckte in aller Seelenruhe seine Flügelchen. Ein wenig Gold schimmerte darunter hervor. Dann flog er über Kims Schulter hinweg auf die Rinde des Baumes. Seit Tagen hatte sie schon kein fliegendes Insekt mehr gesehen. Sie beobachtete ihn, wie er sich in eine der Spalten zwängte und dort verschwand. Vielleicht knabberte er sich ein Loch in die Adern des Baumes und kroch durch die Wurzeln der Weide hinab bis ins Meer der Erde.

Sie nahm ihr Handy. Die Nachrichten vermeldeten Jojoes Tod. Das Galileo hatte den Vorfall an die Medien weitergegeben. Mrs. Smith wollte vermutlich keine Unklarheiten aufkommen lassen. Zu viele Journalisten und Kritiker von *BrainVision* gierten nur darauf, dass etwas schieflief am Galileo.

Kim drückte ihr Kreuz fester gegen den Stamm und hörte einen Bericht: »Seit Wochen kennt der Kurs von *BrainVision* nur eine Richtung: aufwärts gegen den Trend.« Die Börsenexpertin erklärte: »Der Chip von *BrainVision* beflügelt schon jetzt die Fantasien der Aktionäre, vor allem seit klar ist, dass der deutsche Chiphersteller *Inside* mit ins Boot geholt werden konnte.« Kim verstand nicht alles, was dort gesagt wurde, aber eines war klar: Jojoes Tod wurde als Unfall verkauft.

Sie wechselte auf n-tv. Dort ging es um die *Unknown*. Die Umweltaktivisten und Digitalverweigerer hätten sich im Spreewald eine heftige Schlacht mit der Polizei geliefert. Sie seien nicht bereit, ihre Baumhäuser zu verlassen. Kims Opa sympathisierte mit den jungen Leuten, die nur wenige Kilometer vom Galileo entfernt ihr Lager hatten.

»Das ist nicht hinnehmbar«, erklärte der Digitalbeauftragte des Landes Brandenburg. »Sie glauben, dass sie sich von der Gesellschaft abspalten können. Sie schaden uns allen damit. Wie soll künftig eine faktenbasierte KI ohne deren Daten entscheiden, was richtig und was falsch ist? Wo eine Klinik oder ein Kindergarten sinnvoll sind? Parlamente benötigen für solche Entscheidungsprozesse Monate, wenn nicht Jahre. Die KI ist objektiv, objektiver als jeder Mensch. Aber dazu braucht sie die Daten aller. Deshalb können wir die *Unknown* nicht dulden.«

In der ARD erklärte Mrs. Smith, dass Jojoe ein Vorbild für jeden Galileo-Schüler gewesen sei, ein guter, ein verlässlicher Schüler. »Es war ein tragischer Unfall. Dank unserer KI *Brain* ist der Vorfall genauestens dokumentiert. Für Spekulationen gibt es daher keinen Spielraum, denn die Kameraaufzeichnungen sind eindeutig. Jojoe war auf dem besten Weg der Optimierung und dann dieser Unfall. Ich kann es noch nicht glauben. Es ist ein schrecklicher Schicksalsschlag für unsere Schulgemeinschaft.«

Es knackte. Kim drehte sich zur Seite. Da stand Levin. Offenkundig hatte er auf der anderen Seite des Stamms gelauscht.

»Bist du verrückt, mich so zu erschrecken?!«

»Entschuldige.«

Levin war schlank, groß, Sommersprossen, sehr schwarzes Haar, schwarze Jeans, hellblaue Kappe und hornfarbene Rahmenbrille. Damit war er der einzige Brillenträger am Galileo und der einzige Schüler, der trotz der Hitze lange Hosen trug. Retro schien sein zweiter Vorname, denn seine Hemden waren kariert und die Jeans ohne jeden Stretch, er war durch und durch ein Nerd.

»Was machst du hier?«, fragte er.

»Sag du es mir«, gab sie zurück.

»Es gibt hier keine Kameras. Ich mag es privat.«

»Dito«, sagte sie, was so viel wie ebenfalls hieß, aber in Gegenwart eines Überfliegers wie Levin kramte sie intuitiv ein Fremdwort heraus.

»Ich frag mich, warum Mrs. Smith das mit dem Unfall so betont.« Levin hockte sich neben Kim an den Baumstamm. Dabei berührte er ihre Schulter, was sie ein wenig irritierte. Sie rückte ein Stück weg und fragte: »Glaubst du ihr nicht?«

»Ich muss nicht alles glauben.«

»Ich auch nicht.«

»Wieso? Du bist doch gechippt. Ihr Gechippten müsst alles glauben.«

»Ach so, nein, ich bin nicht gechippt. Ich hab nur mein Stirnband vergessen.«

»Keine schlechte Idee«, sagte er und zog sich die Kappe und das Datenband vom Kopf. »Jetzt fühl ich mich auch besser.«

Er ging zum Rand der Weide, schob die Zweige zur Seite und warf das Band einfach weg. »Frei, endlich frei!«

Er war verrückt und das gefiel ihr. Kim lachte herzhaft und sagte: »An dein Handy hast du wohl nicht gedacht. Das musst du dem Band noch hinterherwerfen, um frei zu werden. Und auch deine *Watch*. Und …«

»Verdammt. Du hast recht. *Brain* is everywhere.«

»Sie passt halt auf uns auf.«

»Wenn du meinst.« Levin hockte sich erneut neben Kim. Er war der Überflieger der Stufe, einer, der nicht alles hinnahm, der sich das Leben schwer machte.

Kims Handy vibrierte: »Wo bleibst du?«, fragte Julian.

»Er kontrolliert gern«, bemerkte Levin.

»Ich denke, das geht dich nichts an.«

»Stimmt. Nur kommt Julian jetzt in die zweite Phase.«

»Was redest du da?«

»Wie lang hat er den Chip denn schon?«

»Einen Monat und …«

»In den ersten Tagen nach der Injektion ist alles okay: Die Gechippten essen vernünftiger, treiben gezielter Fitness, murren nie und lernen gern. Doch dann ändert sich ihr Wesen ...« Er schaute sie mit großen rollenden Augen an. Das wirkte ein bisschen wahnsinnig.

»Ja, was dann?«

»Dann bekommen sie ein kaltes Herz. So wie im Märchen.«

»Welches Märchen?«

»Ach, egal ... Hat sich Julian verändert? Ist er immer noch so nett zu dir? Oder ist er kalt und in sich versunken? Bist du ihm egal? Dreht er sich um sich oder um die Welt? Überleg mal. Oder ist er schon handgreiflich geworden? Denn den Worten folgen stets die Taten. Sprich!«

Sie schwieg, sie wollte Levin nicht recht geben, sie wollte es nicht einmal sich selbst gegenüber zugeben, dass Julian sich verändert hatte. Aber das hatte er. Der Chip hatte ihn verändert.

Levin ließ nicht locker: »Das haben Jojoe und ich festgestellt.«

»Was heißt hier ›festgestellt‹?«

»Feststellen bedeutet, dass du etwas fest hinstellst, dass es keine Behauptung ist, die beim ersten Windhauch der Wahrheit umfällt. Nur Fakten zählen. Das heißt feststellen.«

»Das meine ich nicht.«

Wieder ging ihr Handy und Levin schaute neugierig aufs Display.

»Guck weg«, forderte Kim ihn auf.

»*Brain* darf doch auch alles mitlesen. Warum dann ich nicht? Vertraust du *Brain* mehr als mir?« Das war irgendwie frech.

Kim tippte aufs Display: »Brauche Ruhe« – und dann schickte sie noch einen Kusssmiley hinterher, worauf Julian sofort returnierte: »Ich habe es nicht getan. Glaub mir!«

»Was meint er damit?«, wollte Levin wissen.

Kim reagierte sauer: »Lass mich in Ruhe.«

»Was hat er nicht getan?«, hakte Levin trotzdem nach.

Statt einer Antwort erhob sich Kim, klopfte sich das Kleid sauber und sagte: »Ich muss noch Russisch lernen.«

»Klar«, sagte Levin. »Doswidanja. Aber zieh da draußen mal mein Stirnband über. Vielleicht können wir *Brain* ja ein bisschen verwirren.«

»Wieso?«, sagte Kim.

»Wetten, *Brain* ist irritiert, wenn du mein Datenband trägst?« Levin streckte ihr die Hand aus, und Kim schlug, ohne weiter nachzudenken, ein: »Die Wette gilt.«

Dann stand sie auf und trat in das gleißende Licht. Es war ein bisschen so, als ob du den dunklen Kinosaal verlässt und das normale Leben dich einholt. Sie atmete die Hitze tief ein und schaute hinüber zu Levins Band. Wie eine Schlange lag es im Staub. Sie hob es auf. Es schien ihr leichter als ihr eigenes, und nachdem sie es angezogen hatte, saß es fest auf ihrer Stirn.

»Komm zurück!«, drang Levins Stimme unter der Weide hervor. »Ich sehe deine Werte auf meiner *Watch*.«

Puls, Atmung, Gehirnströme, sogar Kims Gewicht leuchteten auf seiner *Watch* – und auch, dass sie *Hickwater* trinken solle.

»Sie hat es nicht kapiert. Wir haben *Brain* …« Das Piepen seiner *Watch* unterbrach ihn. Auf dem Display stand: »System überprüfen. Abweichungen zu hoch. Schalte bitte dein Handy ein.« Woraufhin es klingelte. Eine Mitarbeiterin von *BrainVision* grüßte ihn.

»Sie sitzt vermutlich in Kalifornien«, flüsterte Levin Kim zu und sprach ins Handy: »Ja, ja …« Er hörte zu und sagte schließlich: »Ich weiß. Kim van Ter gibt mir das Datenband umgehend zurück … Nein, es war nur ein dummer Scherz.«

Kaum war das Gespräch beendet, wollte Kim wissen, was los sei.

»Sie haben begriffen, dass wir *Brain* veralbern wollten«, erklärte Levin.

»Tja«, grinste Kim triumphierend. »Dann hab ich wohl die Wette gewonnen.«

Jetzt meldete sich ihr Handy. Sie stellte es laut. Die Stimme aus Kalifornien hielt nun Kim eine Predigt, dass sie solche Scherze unterlassen solle und der Vorfall der Schulleitung gemeldet werde. »Na, super«, sagte sie nach dem Telefonat. »Jetzt kommt *das* Problem noch obendrauf!«

»Welche Probleme hast du denn sonst noch?«

»Na, nichts. Ich bin nur genervt.« Levin würde ihr die Geschichte mit Julian und Jojoe ohnehin nicht glauben. Sie gab ihm das Stirnband zurück. Levin hockte sich wieder hin und spielte mit dem Band zwischen seinen Fingern: »Jojoe hätte sich den Chip niemals injizieren lassen. Und ich werde mich auch weigern.«

»Warum? Mit dem Chip kannst du endlich du selbst sein. Wenn du schlechte Laune hast, reicht ein Gedanke, um gut gelaunt zu sein. Du kannst es dir dann selbst befehlen. Wenn du keine Lust aufs Training hast, reicht auch ein Gedanke. Und essen möchtest du nur, was gesund und gut für die Umwelt ist …«

»Und wenn du zu dick, zu dünn, zu faul, zu schwach bist, reicht stets ein Gedanke, und du wirst so sein, wie du sein willst!«, sagte er und zog sich das Datenband über den Kopf.

»Genau. Be yourself. Überwinde deine Natur, lass dir nicht von ihr sagen, wie du sein sollst, sondern sei, wie du sein willst.«

»Wie *Brain* es will«, korrigierte er sie.

»*Brain* will, dass wir glücklich sind, selbstbestimmt und glücklich.«

»Und wenn *ich* das nicht will? Wenn ich gerne mal schlecht gelaunt bin oder schimpfe und jemanden beleidige? Was dann?«

»Jeder Mensch will schön und klug und akzeptiert sein.«

»Jojoe wollte das nicht. Meinst du, Jojoe wäre gerne hier gewesen?«, fragte Levin und schaute zu ihr auf. »Er wollte kein Mitläufer sein wie dein Julian.«

»Ich weiß. Aber was bringt es, gegen den Strom zu schwimmen? Am Ende machen alle mit. Wenn alle so wären wie Jojoe, dann würden wir heute noch auf Pferden reiten, hätten keine Handys und keine Medikamente. Du verlierst nur Zeit, wenn du dich weigerst.«

»Bist du glücklich?«

»Wenn ich den Chip habe, ja, er macht das Leben leichter.«

»Was glaubst du, warum sich Jojoe die Narbe am Kinn nicht hat wegmachen lassen?«

Jojoes Narbe war wirklich auffällig gewesen. Kim hätte sich mit solch einem Makel unsicher gefühlt. »Keiner läuft freiwillig mit so was rum.«

»Jojoe schon. Perfekt ist nicht gut. Aus der Gleichheit entsteht nur die Gleichheit. Aus dem Fehler aber eine ganze Welt. Jojoe war vor allem eines: neugierig. Er hat etwas erfahren, das er nicht wissen durfte. Er hat sich bei *Brain* eingehackt und …«

»Das kann nicht sein. Bei *BrainVision* sind die Daten sicher. Das ist garantiert. Sie haben die absolute Kontrolle.«

Levin tippte auf seinem Handy und streckte es ihr entgegen. Kim wusste nicht, was die Namen und Ziffern auf dem Display zu bedeuten hatten.

Er erklärte es ihr: »Das ist die Liste mit Terminen, wann wer wo gechippt wurde und werden wird. Sie stammt direkt von *BrainVision* und jetzt ist Jojoe tot.«

»Du denkst doch nicht, dass sie ihn wegen dieser Liste umgebracht haben?«

»Natürlich nicht, er muss etwas gewusst haben, das der Firma wirklich hätte schaden können.«

»Und was soll das sein?«

»Ich frage mich, was Jojoe im Atrium wollte. Ich habe ihn kurz vorher noch gesehen. Er musste zu Mrs. Smith und er hätte dazu bequem vom Mathetrakt in den Bürokomplex spazieren können. Was wollte er im Atrium? Sicherlich nicht in den *Big Rest*.«

»Warum musste er zu Mrs. Smith?«

»Er hatte den KörperScan verweigert. Und der Schulleitung hat es nicht gefallen, wie er gelebt hat. Sie hatten ihn ohnehin schon dabei erwischt, wie er Unterlagen von *BrainVision* gezogen hatte, die mit dem UpDate des Chips zu tun haben. Irgendwas hat die Firma demnächst vor.«

»Und wann?«

»Jojoe hat vom 17. Mai gesprochen. Nächste Woche, in der Nacht von Mittwoch auf Donnerstag.«

»Was soll da passieren?«

»Ein UpDate, das den Chip noch besser macht. Oder schlechter. Ganz wie man es nimmt. Jojoe hatte davon gesprochen, dass er es aufzuhalten versuche.«

»Was ist das denn für ein UpDate?«

»Weiß nicht. Jojoe hat keinem vertraut.«

»Ich dachte, ihr seid Freunde gewesen.«

»Das waren wir auch. Ich glaube, er wollte mich nicht in Gefahr bringen.«

»Merkwürdig ist das alles.«

»Jojoe war ein merkwürdiger Kerl.« Kim hörte in Levins Stimme die Trauer, die mitschwang. Er schien seinen Freund zu vermissen. Warum erzählte Levin ihr das alles? Weil ihn Jojoes Tod so schmerzte? Weil er Kim gut fand? Levin hatte sie bis jetzt nie als potenziellen Bewunderer auf dem Schirm gehabt.

»Jetzt nervt Jojoe jedenfalls nicht mehr«, sagte er ironisch. »Zumindest habe ich noch die Kappe von ihm. Blau wie der Himmel und …« Er nahm sie ab, drehte sie um, sodass ihr Innenleben zu sehen war.

»Was ist das für ein Muster?«, fragte Kim.

»Vielleicht die Welterklärung, ein Scan von *Brain* oder … Jojoe hat gesagt, bei ihm sei die Kappe nicht sicher.«

»Du traust Jojoe alles zu.«

»Er war uns allen weit überlegen. Seine Mutter war eine der Programmiererinnen der Bitcoins.«

»Ich dachte, der Bitcoin-Entwickler sei Satoshi Nakamoto gewesen.«

»Who knows? Nakamoto ist nur ein Pseudonym. Niemand weiß, wer dahintersteckt. Vielleicht war es ja auch Jojoes Mutter?« Er setzte die Kappe wieder auf: »Nun stört Jojoe jedenfalls keinen mehr.«

»Ich glaube nicht, dass er getötet wurde.«

»Das habe ich auch nicht gesagt.«

Sie hätte sich am liebsten auf die Zunge gebissen. Sofort schob sie eine Frage nach: »Warum bist du überhaupt auf dem Galileo?«

»Weil ich hier extrem viel lernen kann.«

»Aber ohne den Chip hast du am Ende doch keine Chance.«

»Wir werden sehen.«

»Wer sich optimieren will, muss mitziehen. Ich muss jedenfalls los.« Kim schritt hinaus in die Sonne, als würde sie eine Bühne betreten: mit durchgestrecktem Kreuz und erhobenem Kopf. Ihr Publikum waren die beiden Kameras, die von den Flutlichtmasten des Sportplatzes zu ihr herüberschauten.

Wieder wollte Julian wissen, wo sie sei.

Sie tippte: »Komme zur Cardio. Warte.«

Eine Viertelstunde später eilte Kim frisch geduscht im Sportdress hinüber zum Fitnesstrakt. Im Kraftraum hatten ein paar aus der Oberstufe Gewichte aufgelegt. Schon durch die Glasscheibe im Flur erblickte sie Julian auf dem Speedbike. Normalerweise unterbrach er sein Training für sie. Jetzt trat er stur weiter in die Pedale. Keine Umarmung, kein Kuss. Nichts.

Nur ein »Na, endlich« hatte er für sie übrig.

»Ich freue mich auch, dich zu sehen«, entgegnete sie ironisch und setzte sich. Kim wollte reden, Julian nicht. Warum hatte er sie überhaupt hierhergebeten?

»Das finde ich doof«, sagte sie. Er schien sie gar nicht zu hören.

Levin hatte recht, Julian hatte sich verändert. Er war kalt geworden, nicht durchgehend, aber hier und jetzt schlug ihr diese Kälte entgegen. Think positive, sagte sie sich. *Think positive.* Die beiden Worte wurden auch auf dem Bildschirm über ihr eingeblendet, und zwei Frauen waren zu sehen, die aus dem Liegestütz hochfederten und in die Hände klatschten. *Think positive. Think positive.*

Sie schaute sich auf ihrem kleinen Screen direkt am Lenkrad die Serie »*The Wolf with no Name*« an.

Jugendliche, die sich in Wölfe, Werwölfe, Adler und Raubkatzen verwandelten. Sie liebte die Serie und den Hauptdarsteller Johnson, der den Wolf Nigbur spielte. Er sah ein bisschen wie Julian aus, dichte Augenbrauen …

»Warum guckst du den Blödsinn?«, fragte Julian.

»Ich muss mich ablenken«, patzte sie zurück. »Für mich ist es nämlich nicht normal, dass du Jojoe die Treppe hinunterstößt und kein Problem damit hast.«

»Von dem Gelaber wird er auch nicht wieder lebendig. Reden ist sinnlos. Die Fakten sind klar. Jeder muss an sich denken. Lies mal.« Er zeigte auf einen der Sätze, die jetzt auf dem Monitor über ihnen aufleuchteten: *Survival of the Fittest.* »Nur wer gut angepasst ist«, sagte Julian, »wer wirklich das Letzte aus sich herausholt, der hat eine Chance. Und ohne den Chip gelingt das nicht. Du musst optimal angepasst sein. Jojoe wollte das nicht. Er hat unseren Spirit nicht gespürt.«

»Deshalb hast du ihn …«

»Sei still.«

Das tat sie. Mit ihm war kein vernünftiges Wort zu reden.

Der junge Werwolf hatte derweil ein Problem: Seine Zähne waren kariös. Und er bekam gerade beim Arzt einen der Eckzähne gezogen. Das tat höllisch weh, weil bei Werwölfen keine Betäubung wirkt.

»So ein Scheiß«, kommentierte Julian, dem jetzt der Schweiß von der Stirn ran. »Warum guckst du das?«

»Weißt du, dass Levin mit Jojoe befreundet war?«

»Fängst du jetzt schon wieder damit an? Soll mich das interessieren? Für mich ist Levin nichts wert, der ist genau wie Jojoe – ein Loser! Leute wie er nehmen nur einem richtigen Galileo den Platz weg. Der hält sich doch für genial.«

»Findest du ihn arrogant?«

»Will er den Chip?«

»Weiß nicht«, log sie.

»Ich aber«, sagte er. »Er will keinen Chip, weil er sich für was Besseres hält.«

»Ich finde, er …«

»Ich bin so froh, wenn du endlich zu uns gehörst«, unterbrach Julian sie. »Dann haben diese unnötigen Diskussionen endlich ein Ende.« Er erhöhte den Widerstand, ging aus dem Sattel, als würde er ihr nach diesem Statement am Berg davonfahren wollen. Er hatte Spaß daran, sich auszupowern. Kim trat ebenfalls fester in die Pedale, doch Julian war schon zu weit weg, obwohl er direkt neben ihr im Wiegetritt in die Pedale trat.

MITTWOCH, 16. MAI 2032

Kim sah dem Bot in die Augen. Sie waren grün. Die Iris der Roboter war je nach Uhrzeit unterschiedlich gefärbt. Und um halb sechs Uhr morgens war die angesagte Farbe grün. Die Bots hatten keine Probleme mit Augenkontakt. Sie wurden nie nervös.

Kim gähnte, wie sie so an der Theke im *Little Rest* des Mädchentrakts auf ihr Frühstück wartete. Der

Bot ließ sich nicht beirren und mixte den Brei und die Früchte zusammen.

Schon vor einer Stunde war sie aus wilden Träumen aufgeschreckt. Ein übergroßer schwarzer Käfer hatte darin die Hauptrolle gespielt. Er lag in ihrem Bett, während sie ihn von der Decke aus beobachtet und irgendeine magische Verbindung mit diesem riesigen Insekt gehabt hatte. Ja, wenn sie es jetzt so recht bedachte, war sie selbst das Insekt gewesen, aber sie hatte es nicht geschafft, aufzustehen. Zu viele störrische Beinchen hatte sie, die unkoordiniert herumwirbelten. An Fliegen war ohnehin nicht mehr zu denken. Dabei musste sie dringend zu Mathe …

»Bitte«, sagte der Bot mit dem Tablett in den Händen. »Träumst du, Kim?«

»Ein bisschen.«

»Es ist ja auch noch früh.« Der Bot lächelte. Er gehörte zu den neueren Modellen, denn er konnte jede Emotion überzeugend darstellen.

Der Roboter hatte ihr das Müsli mit Wasser angerührt. Sie sollte Fette meiden. Eiweiß war angesagt. *Brain* stellte die Mahlzeiten für die Schüler zusammen und die *KitchenBots* bereiteten alles entsprechend zu. Eigentlich hätte Kim keine Früchte essen dürfen, aber sie mochte die Süße. Wie sollte sie den Brei sonst hinunterkriegen. Hätte sie endlich den Chip, würden ihre Geschmacksknospen sich nicht mehr sträuben.

»Soll ich dir das Frühstück an den Tisch bringen? Jetzt ist es hier noch leer. Ich habe also Zeit.«

Kim winkte ab. »Nein, ist schon okay.«

Sie lief zu einer Sitzecke am Fenster. Kurz wunderte sie sich über das Foto von *BrainVision*-Gründer Jon Hummer. Es war auf die Wand projiziert, wo gestern noch eine Graslandschaft gewesen war.

Die Sonne war draußen gerade aufgegangen und das ganze Schulgelände lag in einem feurigen Rot hinter der Scheibe. Kim schaute zum Atrium. Schwarz und unheimlich glänzte das Gebäude in all dem Feuer des Morgens. Der Sarg ist schwarz und wird dem Feuer übergeben. Jojoe war am Dienstag vergangene Woche gestorben. Kim hatte in der Trauerecke im Atrium – direkt unter der Treppe – auch Blumen abgelegt. Noch welkten sie nicht, noch war die Erinnerung an Jojoe wach. Sie hatte ihn kaum gekannt, aber Julian kannte sie auch kaum noch nach dem Sturz. Kim definierte ein Feld auf dem Tisch, steckte die Kopfhörer in die Ohren, streamte »*The Wolf with no Name*« und löffelte ihr Müsli. Mehr Gemütlichkeit war um halb sechs Uhr morgens nicht möglich. Sie hatte schon als Grundschülerin Serien geliebt, aber Opa hatte es verboten. Lesen sollte sie, das wollte er immer. Heute Nacht hatte er ihr wieder einen Spruch geschickt: *Der Kopf ist rund, damit er in jede Richtung denken kann.* Sehr schlau, dachte sie, und steckte sich den letzten Löffel

Müsli in den Mund. Nigbur schliff einem Teufel die Hörner.

»Darf ich abräumen?« Der Bot tauchte neben ihr auf. »Darf ich?«

»Ja«, sagte sie.

Der Bot stellte die Müslischale wieder auf das Tablett, bat sie noch den O-Saft auszutrinken und riet ihr: »Du hast Schlafmangel. Es wäre zu empfehlen, einen Termin mit Dr. Walker zu arrangieren.« *Brain* hatte ihr bereits vor einer Woche mitgeteilt, dass sie nachts nur noch drei der sonst für sie üblichen fünf Schlafzyklen erreichte. Die Ursache für den unruhigen Schlaf waren Julians Launen.

Aber wie sollte ihr Dr. Walker dabei helfen? Der Schularzt wäre ohnehin der Letzte, den sie um Rat bitten würde. Vor gut drei Monaten hatte sie einen äußerst unangenehmen Besuch bei ihm gehabt. Sie hatte befürchtet, schwanger zu sein. Der erste Sex und gleich schwanger – ihre Mutter wäre ausgeflippt. Am Ende stellte sich heraus, dass es Fehlalarm war. Dr. Walker hatte ihr geraten, beim nächsten Mal besser aufzupassen, und ihr eine Schachtel Kondome geschenkt. Sehr fürsorglich, aber extrem peinlich. Nein, zu Walker wollte sie nicht.

Stattdessen schlappte sie müde in ihr Zimmer, wo Henriette schnarchte, als würde sie die Reste des brasilianischen Regenwaldes zersägen. Kim kauerte sich zusammen. Sie wollte schlafen, aber es klappte nicht.

Also erhob sie sich und schob die Kleider im Schrank zur Seite. Dahinter hing an einem Nagel ein Turnbeutel und darin befand sich eine Packung Goldbären. Sie zog einen Bären heraus und drehte ihn im Licht der hereinfallenden Morgensonne. Hübsch war er, fast wie ein Edelstein aus Zucker. *Brain* würde ihre Sünde sofort registrieren, ihr Blutzuckerspiegel geradezu explodieren, falls sie jetzt zubiss. Sie streifte also das Stirnband ab und biss dann erst zu. Dann nahm sie den nächsten Bären und den nächsten, bis die Tüte leer war. Die leere Tüte stopfte sie zwischen Bett und Wand in die Ritze, aber das schlechte Gewissen ließ sich nicht so leicht verstecken.

Kim ging ins Bad und putzte sich die Zähne, um zumindest den Geschmack loszuwerden. Sie bereute jeden Bären, jedes Gramm Zucker. Warum hatte sie das gemacht? Sie hatte doch gerade gefrühstückt?

Um viertel vor sieben schlief sie endlich ein, und kein Käfer und kein Bär verfolgten sie in den Traum.

Punkt 8.30 Uhr vibrierte die *Watch*. Ein Blick hinüber zu Henriettes Bett verriet, dass ihre Freundin schon zum Frühstück weg war. Ein weiterer Blick auf die *Watch* sagte ihr, dass Julian nicht an sie gedacht hatte. Jedenfalls gab es keine neue Nachricht von ihm.

In den ersten beiden Stunden saß Kim in Ökonomie 2. Der Kurs fand angrenzend an den Mädchentrakt im Wirtschaftstrakt statt. Keiner ihrer Freunde war mit von der Partie. Kim wäre auch lieber nicht dabei gewesen, denn sie interessierte sich für die Geldmengen M1 und M2 so sehr wie ein Tiger für Kopfsalat. Sie konzentrierte sich, so gut es eben ging, und erreichte am Ende beim Stundentest ganz ordentliche 73 Prozent.

In der folgenden halben Stunde Pause ging sie auf ihr Zimmer. Henriette lag auf dem Bett, die Augen geschlossen. Kim ließ sich ebenfalls aufs Bett fallen. Was sollte sie machen? Julian schreiben? Sie hielt das Handy über sich und schaltete die Kamerafunktion ein. Klick! Sie machte ein Foto von der Decke. Weiß wie ein leeres Blatt Papier. Ihr ganzes Leben hätte sie darauf notieren können, ihre ganzen Ideen und Träume. Aber sie tippte in das Foto ein »Ich liebe dich«, umkreiste die drei Worte mit einem Herz und machte einen Screenshot davon. Den schickte sie Julian, obwohl er es nicht verdient hatte. Dann klickte sie sich in den *Dissection Room for Practical Training* – kurz *The Room* genannt. Einige Schüler warteten schon dort, nach der Pause würde Levin da seinen Vortrag über *Valley Prepper* halten. Levins Vorträge waren beliebt unter den Galileo-Schülern. Selbst jene aus der Oberstufe hörten ihm freiwillig zu. Kim traf sich heimlich mit ihm, denn Julian durfte nichts davon erfahren. Wie sollte sie ihm erklären, dass die Beziehung zwischen ihnen rein platonisch war, kein Knutschen und schon gar nicht mehr?

Zwei blaue Häkchen blinkten hinter ihrer Nachricht auf. Julian hatte ihre Liebesbekundung mit Herzchen gesehen. Nur reagierte er nicht. Ob er gerade lernte? Jetzt in der Pause? In ihrem Bauch flogen Tausende Falter gleichzeitig auf und der Blutdruck stieg. Sie ließ enttäuscht das Handy neben sich aufs Bett plumpsen. Henriette wippte nun mit den Füßen zum Takt einer Musik, die Kim nicht hören konnte.

»Super, ohne Kopfhörer«, sagte Henriette und ließ die Augen geschlossen. »Die Musik ist in meinem Kopf wie so ein Soundtrack. Es ist verrückt. Ich höre Musik ohne Kopfhörer, weil sie in meinem Kopf ist, einfach so. Ich denke an ein Lied und schon ist es da, an eine Playlist und schon spielt sie in mir.«

»Ein neues Update?«

»Exakt«, sagte Henriette. »Jeden Tag bringt *Brain-Vision* ein neues Update für den Chip. Jeden Tag können wir was Neues damit erleben.«

»Du willst mich neidisch machen, stimmt's, Henri?«

»Ein bisschen«, sagte Henriette im Scherz. Dabei schienen die Sommersprossen auf ihrer Nase zu leuchten. »Tröste dich, Kim, du bekommst auch bald den Chip.«

»Ich kann mir das noch gar nicht vorstellen. Endlich kann ich so sein, wie ich sein will.«

»Und noch Musik im Kopf hören. Aber das Beste ist und bleibt …«

»Was denn?«

»Ich hab keinen Hunger mehr auf die ganzen Igitigits, das Süße und das Fettige. Ich will nur noch gesunden Kram und keine Schokolade. Es ist so grandios.«

»Du bist doch sowieso nicht zu dick.«

»Da sagt *Brain* was ganz anderes.« Henriette kniff sich in die Seite. »Vierundzwanzig Prozent Körperfett sind genug für ein Mädchen in meinem Alter. Wie viel Prozent hast du denn?«

Kim schämte sich und schwieg.

»Dafür hab ich keine Titten«, sagte Henriette und lachte über sich selbst. »Flach wie deine Niederlande.«

Kims Handy vibrierte. *Brain* teilte ihr die Aufmerksamkeitsergebnisse von Ökonomie 2 mit. Danach war sie nur achtzehn Prozent im Schnitt auf die Aufgaben und den Unterricht konzentriert gewesen.

»Dafür war ich aber gut im Stundentest. 73 Prozent«, schrieb sie an *Brain*.

Die gab ihr recht, stellte jedoch die Gegenfrage: »Möchtest du dich nicht selbst weiter optimieren? Denk daran: Genug soll nie genug sein, genug darf nie genügen.«

Es brachte nichts, mit *Brain* zu diskutieren.

»Schreibst du mit Julian?«, wollte Henriette wissen.

»Ne, mit *Brain*.«

»Und Julian?«

»Wie kommst du auf ihn?«

»Weil ich *bad vibrations* spüre.«

»Ich kann nicht darüber reden.«

»Stress?«

»Ich hab manchmal das Gefühl, ich bin ihm egal.«

»Er ist konzentriert«, sagte Henriette. »Julian will was erreichen. Ist doch cool.«

»Levin meint, dass die Leute mit Chip gefühlskalt werden.«

»Seit wann redest du mit Levin?«

»Er hat seinen besten Freund verloren.«

»Und jetzt bist du seine beste Freundin oder was?«

»So ein Blödsinn.«

»Ich merke jedenfalls noch nichts von Gefühlskälte bei mir.«

»Du hast den Chip ja auch erst ein paar Tage.«

Julian schrieb: »Kommst du in den *Room*?«

»Yes!«

Während Henriette wieder mit den Füßen zu ihrer Musik wippte, probierte Kim ihren hellblauen Rock mit dem weißen Oberteil, dann das grüne Oberteil, dann ein trägerloses Top. Erst fand sie ihre Knie nicht spitz genug, dann ihre Schultern zu schmal. Sie öffnete *Happy Miss* von *HappyApp* und machte ein Selfie von sich. *Happy Miss* checkte ihr Outfit und verglich es mit Julians aktuellen Geschmacksdaten. Julian war auch bei *HappyApp*, nur halt bei *Happy Mister*. Die App ermittelte ständig den Geschmack des jeweiligen Partners, sie registrierte, wie lange er oder sie auf den Screens welche Frauen oder Männer anschaute. *Happy Miss* forderte Kim auf, den Pferdeschwanz zu öffnen. Weiterhin riet sie ihr zu einem schlichten blauen oder gelben Top und Blue Jeans.

Am Ende stand sie vor dem Schrankspiegel und erhielt sechs von sechs möglichen Sternen. So entsprach sie also genau Julians derzeitigem Geschmack. Sie konnte sich nur wundern: Bislang hatte Julian laut *Happy Miss* Röcke geliebt. Und Kleider! Und alles möglichst kurz. Jetzt drehte sie sich im schulterfreien Top in ihrer Jeans ein letztes Mal vor dem Spiegel.

Henriette hatte sie aus dem Augenwinkel heraus beobachtet. »Kleiner Tipp: Jungs mögen es nicht, wenn Mädchen ihnen wie Hündchen folgen. Zieh an, was du anziehen möchtest, aber *Bitch is better*. Guck dir Nai an, alle stehen auf sie. Und sie lässt alle abblitzen. Sie ist 'ne echte Zicke. Das läuft.«

»Julian steht nicht auf sie«, sagte Kim.

»Auf alle Fälle hat Nai kein Interesse an ihm. Das steht zumindest fest. Sie könnte jeden haben. Trägt sie nicht zurzeit auch ständig Jeans?«

»Sehr witzig«, sagte Kim. »Er wartet im *Room* auf mich. Komm doch mit.«

»Nein. Du solltest auch nicht hingehen. Lass ihn zappeln.«

Sie stellte sich vor Henriette und fragte: »Wie sehe ich aus?«

Statt zu antworten, erhob sich Henriette und schloss die Tür ab.

»Was soll das?«, fragte Kim.

»Ich bin deine Freundin und hab dafür gesorgt, dass du ihn dir angelst, und jetzt sorge ich dafür, dass er bei dir am Haken bleibt. Also lass ihn zappeln.«

»So ein Schwachsinn«, sagte Kim und versuchte Henriette den Schlüssel zu stibitzen. Doch die warf sich aufs Bett und hielt ihn fest in der Faust. »*No, no, not this way.*«

»Okay. Ich beuge mich der Gewalt«, sagte Kim, legte sich neben ihre Freundin aufs Bett und nahm sie in den Arm. »Du hast recht! Julian muss zappeln.«

»So will ich es hören.«

Die Mädchen definierten an Kims Wand einen Screen und schauten von Henriettes Bett aus zu, was sich im *Room* tat.

»Wo ist Julian?«, fragte Kim. »Siehst du ihn?«

»Der hockt bestimmt hinten«, spekulierte Henriette. »Oder er ist noch nicht da, weil er dich zappeln lassen will. Und so zappelt ihr beide. Das ist lustig.«

Eine Nachricht von Julian: »Wo bleibst du?«

»Schreib nichts«, sagte Henriette. »Er ist nervös. Adrenalin ist in seinem Blut und Adrenalin macht ihn abhängig von dir. Du bleibst ganz cool. Lass gucken, was im *Room* passiert.«

Levin bestieg die Bühne: Hornbrille und weite braune Shorts, als würde er sich bei UPS bewerben. Er definierte zwei Bildschirme auf der Screentapete. Auf einem erschien ein massives Stahltor, das direkt in einen Berg führte. Dann begrüßte er die Zuschauer im Raum und an den Screens.

»Das hier«, er zeigte auf den Bildschirm, »ist der Eingang zu einem Bunker in Kalifornien.«

Auf dem anderen Foto waren Köpfe von Milliardären wie Mark Zuckerberg zu sehen. »Das sind die Menschen, die sich solche Bunker bauen. Wenn die Welt aus den Fugen gerät, haben sie einen sicheren Platz im Stahlbeton. Die meisten von ihnen leben in Kalifornien, weil seit der Abspaltung des Staates von den USA dort alles möglich ist. Es gibt kein reicheres und kein liberaleres Land auf der Welt als Kalifornien. Berechnen wir die Emissionen, die ihre Digitec- und Batteriebetriebe in den vergangenen Jahren verursachten, so muss sich keiner wundern, warum wir die Klimaerwärmung nicht haben stoppen können. Und Länder wie jenes, in dem wir jetzt leben, haben ihre Emissionen einfach ins Ausland verlegt, haben die Kohle aus Sibirien geholt und Tausende von Sensoren in ihre E-Autos eingebaut, die an den Serverfarmen gigantische Mengen von Strom ziehen. Europa hat sich klimaneutral machen wollen und dafür woanders den Dreck verursacht. Frei nach dem Motto: Ich lade den Müll nicht vor meiner Haustür ab, sondern lieber ganz woanders.«

»Ganz schön bitter«, sagte Henriette. »Levin hat bestimmt kein gutes Leben. Er denkt zu viel. Das schadet, denn ...«

»Lass mich mal hören, was er sagt.«

»Ho, ho, wichtig, wichtig.«

Nein, aber Kim fand es nicht witzig, sich über Levin lustig zu machen. Der fuhr fort: »Wir nennen diese Superreichen aus Kalifornien, die es natürlich auch in China oder Südkorea gibt, *Survivalisten* oder auch *The Rich Prepper*. Ihre Bunker sind unterirdische Wunderwerke, kleine unterirdische Städte mit Wasseraufbereitungsanlage, Elektrizitätswerk und Hallen, in denen unter künstlichem Licht Obst und Gemüse gedeihen. Das ist ihre schöne neue Welt, wenn unsere Welt auf der Erdoberfläche am Ende ist. Diese Prepper können einfach alles mit ihrem Geld kaufen, frei nach dem Motto der *Solutionisten*, dass es für jedes Problem eine technische Lösung gibt. Doch trotz ihrer Erfolge bleibt ein schier unlösbares Problem.«

Nun erschienen auf dem Screen Fotos von bulligen Kerlen in Uniform und zwischen ihnen Männer mit Gewehren. »Hier seht ihr die Scharfschützen und Security-Leute der *Survivalisten* – eine ganze Armee ist das. Wozu zeige ich euch diese Menschen? Hat jemand eine Idee?«

Die Frage war rhetorischer Natur, denn Levin erwartete keine Antwort. Und so fuhr er fort: »Wenn die Welt untergeht, muss irgendjemand dafür sorgen, dass die reichen *Prepper* unbeschadet mit ihren Familien in den Bunker gehen können. Denn wenn das Ende naht, müssen sie es schaffen, dass nicht die Welt mit ihnen in den Bunker kommt. Für alle ist da kein Platz. Deshalb haben die eine bewaffnete Security. Doch diese Beschützer der Superreichen suchen im Extremfall auch Schutz vor dem Weltuntergang. Es darf folglich nicht passieren, dass die Beschützer ihre Waffen gegen die Reichen richten, weil sie selbst in den Bunker wollen.«

Levin zeigte Ausschnitte aus Filmen, die sich mit der Apokalypse beschäftigten, die Menschen zeigten auf der Flucht vor Aliens und Bomben. »Mein Referat beschäftigt sich genau mit dieser Situation – mit dieser kurzen Zeitspanne, wenn alles in Panik gerät, wenn jeder einen Unterschlupf suchen wird. Wir reden über jene Minuten, die über Leben und Tod entscheiden. Wie schaffen es die reichen Männer aus Silicon Valley – und es sind alles Männer – wie Zuckerberg auf Hawaii oder der Oracle-Gründer

Larry Ellison auf seiner Insel, unbeschadet in ihre *Last Forts* zu gelangen? Wie?«

»Levin ist echt der absolute Überflieger«, sagte Kim.

»Nicht mehr lange«, prophezeite Henriette.

»Wieso?«

»Weil er den Chip nicht will. Und ohne den Chip bist du wie ein Sportler ohne Doping. Du hast keine Chance. Guck dich an.«

»How, how, how. Du musst nicht gleich persönlich werden.«

»Alles gut, ist nicht böse gemeint. Du bekommst ja bald den Chip.«

Levin zeigte derweil Videos und Animationen von Szenarien, wie die *Prepper* sich für die letzte Phase wappnen konnten, um nicht Opfer ihrer eigenen Security zu werden. »Die sicherste und einfachste Lösung ist die der Freundschaft, ja Freundschaft ...« Das Wort wiederholte er noch dreimal. »Die Reichen müssen die Security-Leute samt deren Familien zu ihren Freunden machen, jetzt schon Zeit mit ihnen verbringen, nett zu ihnen sein und ihnen Privilegien einräumen. Am Ende müssen sie die Security samt Familien mit in den Bunker nehmen. Nur so kann es gelingen, dass keiner der Scharfschützen und keiner der Wachleute die Seite wechselt. Also, ihr Zuckerbergs, Kalanicks und Bezos', ihr solltet eure Bewacher zu euren Vertrauten machen und euch dann erst in eure Bunker verkriechen. Oder ihr macht selbst eine Sniperausbildung! Das war's, Leute, Schluss für heute.«

Kim hatte jetzt Applaus im *Room* erwartet, aber das Publikum klatschte nicht. Was sollte das? Kim war entsetzt. Sie drückte die Beifalltaste und auf die Höchstpunktzahl 10, Henriette hingegen auf die 2.

»Wieso?«, fragte Kim fassungslos.

»Ich finde, er hat sich zu sehr über die Leute lustig gemacht, die sich auf eine Katastrophe vorbereiten. Wir sollten lieber alle ein bisschen *Prepper* sein. Wir haben auch einen *Panic Room* daheim. Und ich finde es beschissen, dass er sich nicht chippen lassen will. Der Typ hält sich echt für eine Besonderheit.«

»Das meinst du doch nicht ernst?« Kim stupste Henriette mit dem Zeigefinger in die Seite, sodass die lachen musste. »Echt im Ernst? Würdest du mich denn mit in den Panikraum nehmen, obwohl ich nicht gechippt bin?«

»Falls du beim Weltuntergang in München bist und vorher ein paar Eindringlinge für mich kaltmachst.

»Also, dann korrigiere deine Entscheidung. Das ist doch total unfair, es war ein richtig gutes Referat. Gib ihm wenigstens neun Punkte.«

»Ein Typ wie Levin macht sich über alles lustig. Der hat keine bessere Bewertung verdient. Es zählt nicht nur die Leistung, es zählt auch die Einstellung.«

»Ich geb ihm jedenfalls eine Zehn.«

»Echt?« Henriette drehte den Spieß um. »Hast du nicht gehört, was er über Frauen sagt?«

»Wie?«

»Ja, dass Musk und Zuckerberg alles Männer sind und …«

Es klopfte und jemand drückte von außen die Türklinke herunter.

»Hallo?!« Es war Julians Stimme. »Seid ihr da?«

»Ja!«, rief Henriette. Zu Kim flüsterte sie: »Das ging aber schnell. Er muss gerannt sein.«

»Und Kim?«, rief Julian.

»Die ist im *Room*. Sie wollte zu Levins Vortrag.«

Kim fand das jetzt blöd. Sie wollte Julian sehen, aber Henriette hielt ihr den Mund zu.

»Kannst du mal aufmachen?!«, rief Julian.

»Nö! Hab zu tun!«

Dann war nichts mehr zu hören.

»Gib mir den Schlüssel«, verlangte Kim. Sie war sauer, richtig sauer. Ihr ganzer Körper war wie unter Drogen, denn sie wollte Julian sehen.

»Ist ja gut.« Henriette ging zur Tür. »Aber du merkst schon, dass du abhängig bist. Dadurch, dass er dich immer zurückweist, macht er dich total abhängig.«

»Du spinnst. Schließ endlich die Tür auf!«

Die beiden Mädchen blickten in einen leeren Flur. Keiner da, nur die einsame Sitzgruppe mit drei leeren Sesseln.

»Er ist weg.« Kim war enttäuscht.

»Egal, Kim. Ihr habt doch gleich zusammen Russisch. Oder?«

Sie schickte Julian sofort eine Nachricht, aber anscheinend schaute er nicht auf sein Handy. Jedenfalls wurden die Häkchen nicht blau. In Kims Magen rumorte es.

In *Russian Conversation* saßen die üblichen Verdächtigen und ihr Lehrer Mr. Popow. Julian war noch nicht da. Ob er *chipline* arbeitete? Popow schlug vor, über Levins Referat zu plaudern. Alle waren dafür. »Also heißt unser heutiges Konversationsthema: die *Survivalists*. Meine Aufgaben lauten infolgedessen …« Er schrieb nun die Fragen an die Wand und nannte sie dabei laut: »Erstens: Nehmt Stellung zu den vorgeschlagenen Alternativen zum Freundschaftsmodell. Zweitens: Wie würdet ihr das Problem des letzten Schritts vor Schließung des Bunkers lösen?« Auf der Screentapete tauchten dazu passende russische Vokabeln und Phrasen auf. »Dann starten wir jetzt …«, sagte Mr. Popow. Er bat ausgerechnet Kim, die Diskussion zu eröffnen.

»Ich möchte nicht«, sagte sie. »Mir geht es nicht gut.«

Mr. Popow sah auf seinem Display, dass Kims Blutdruck und Puls viel zu hoch waren. »Was ist denn los mit dir?«

»Weiß nicht.«

»Du solltest zu Dr. Walker.«

»Vielleicht genügt es, wenn ich mich einfach eine Stunde hinlege.«

Popow blieb hart: »Du hast auch gestern und die Tage davor Probleme mit dem Kreislauf gehabt, so wie ich das hier auf meinem Display sehe. Ich mache jetzt einen Termin. Das kann nicht warten.« Sofort stellte er eine Verbindung zu Dr. Walker her, der ihm umgehend antwortete, Kim könne direkt zu ihm kommen. Na, super! Sie hatte sich selbst eine Grube gegraben.

Kim verließ den Klassenraum.

Aber nicht, um zu Walker zu gehen. Nein, sie würde einfach tun, was ihr Herz ihr sagte.

Zum Glück war im Jungentrakt niemand auf dem Flur unterwegs. Blöde Bemerkungen über einen Mädchenbesuch musste sie also nicht befürchten. Kim ging die Türen ab: Nummer 25, 27, 29 – schließlich horchte sie an der Tür zur Wohnung 31. Nichts zu hören.

Sie klopfte an. »Julian?!«

Beherzt drückte sie die Klinke. Da lag er auf dem Bett und schaute zur Decke. Er sagte nichts, Missachtung pur. Über die Decke huschten kyrillische Buchstaben. Julian murmelte russische Worte. Über den Chip hatte er direkten Draht zum Unterricht bei Popow. Gleichzeitig übte er mit *Brain*, die ihn bei Phrasen und Vokabeln unterstützte. Seine Lippen bewegten sich wie ferngesteuert.

Ob er sie nicht bemerkte?

»Julian? Wir müssen reden.«

Er schien wie in Trance.

Kim stupste ihn gegen die Schulter. »Julian!«

Der schaute sie erschrocken an. »Was willst du? Du siehst doch, dass ich lerne.«

Ihr Handy klingelte.

»Entschuldige, Julian. Tut mir leid. Ich …«

Klingeln.

»Stell das Ding aus!«

»Es ist Dr. Walker, er wartet auf mich. Aber ich muss mit dir reden.«

»Ich hoffe, dass es etwas Wichtiges ist.«

Kim wusste nicht, was sie sagen sollte. Sie hatte ihn einfach nur sehen wollen, einfach nur spüren. Sie spürte, dass es ein Fehler war. Wie hatte sie ihm nur nachlaufen können?

»Also, rede! Los!«

Kim wusste nicht, was sie sagen sollte. »Levin hat mir etwas von Jojoe erzählt.«

»Und das wäre?« Jetzt war er ganz bei ihr. Er setzte sich aufrecht und die Buchstaben an der Decke verschwanden. »Du scheinst dich ja gut mit dem Verweigerer Levin zu verstehen?« Er griff ihre Hand und zog sie neben sich aufs Bett. »Hallo.« Dann drückte er ihre Hand fester. Das tat weh.

»Was soll das?«

»Nichts«, sagte er. »Verbring deine Zeit nicht mit Levin.«

»Bist du eifersüchtig?«

»Quatsch. Ich sage nur, dass du nicht mit ihm zusammen sein sollst. Bleib ihm fern, er ist kein guter Mensch.«

»Hör auf. Er hat dir nichts getan.«

»Er war ein Freund von Jojoe. Und wegen dem Idioten hätte ich fast Ärger bekommen. Nur weil er die Treppe runtergefallen ist. Aber erzähl: Was hat Levin denn so Wichtiges gesagt?«

»Du verdrehst die Wahrheit. Das weißt du schon, oder? Fakten schafft man nicht aus der Welt, indem man sie ignoriert.«

»Nein, Fakten muss man manipulieren«, sagte er und drückte ihr mit einem breiten Grinsen einen Kuss auf die Lippen. »Stimmt doch, oder?«

»Du bist ein Idiot.«

»Und du liebst diesen Idioten. Jetzt sag schon: Was ist mit Levin?«

»Er hat gesagt, dass Jojoe etwas über das Galileo wusste.«

»Geht es ein bisschen genauer?«

»Er hat wohl Unterlagen gehackt und wollte sie leaken.«

»Und was geht uns das an?«

»Ich dachte, es interessiert dich.«

»Warum? Ich bin wieder ganz gesund und bilde mir nicht mehr ein, dass ich irgendwelche Leute die Treppe runterschubse.« Er spitzte seine Lippen. Gerade als sie ihn küssen wollte, sagte er: »Ich hoffe, du hast nicht mit Levin über meine Begegnung mit Jojoe geredet.«

»Nein, keine Sorge.«

»Weiß denn Levin, wo Jojoe die Beweise versteckt hat? Ich würde mal Jojoes Handy filzen.«

»Das Handy? Nein. Er wird es woanders gespeichert haben. Auf das Handy hat doch *Brain* Zugriff.«

»Quatsch. Komm mal runter, Kim. Die Handydaten werden anonym behandelt, genau wie die Daten vom Chip. Meinst du, sonst hätte ich mir den Chip einsetzen lassen? *Brain* weiß zwar alles, aber sie löscht unsere Daten in regelmäßigen Abständen und nutzt sie nur zum Zweck der Optimierung. *Brain* ist doch kein *Big Brother*, der dir Böses will. Oder redet dir etwa Levin ein, dass *Brain* alles und jeden ausspioniert? Was für ein Blödsinn. Der ist echt paranoid.«

Wahrscheinlich hatte Julian recht. Levin machte sie verrückt mit seinen Theorien. Was sollte *Brain-*

Vision seinen Kunden schon Schlechtes tun? Die Firma hatte doch gar keinen Grund. Und ihr Besitzer Jon Hummer war ein Visionär, wie Elon Musk es gewesen war. Das Geschäft lief perfekt und der Aktienkurs stieg unaufhaltsam. Kim schmiegte sich in Julians Arm und fühlte sich gut. Es war fast wie früher, fast wie in diesem Schiff aus Wolken. Er ging ihr durchs Haar und sie küssten sich. Am liebsten hätte sie hier und jetzt mit ihm geschlafen. Irgendwie kam es ihr gar nicht mehr vor wie morgens früh. Es gab nichts Schöneres, als bei ihm zu sein. Wie gerne würde sie jeden Morgen mit ihm verbringen.

Doch Julian kam noch einmal auf die Dateien zurück: »Was waren das denn für Informationen, die Jojoe angeblich besitzen soll?«

»Keine Ahnung.«

Kim wollte ihn wieder küssen, aber Julian zickte jetzt herum: »Ich dachte, du musst zu Dr. Walker?«

»Ja, stimmt. Nur …«

»… willst du vorher noch in Jojoes Zimmer suchen? Stimmt's?« Dabei grinste er, als würden sie gleich einen Clou landen.

Kim sagte ernst: »Wir müssen nachschauen. Die Sache lässt mich nicht mehr los. Ich will zumindest sichergehen, dass dort nichts ist. Was meinst du?«

»Gut«, sagte Julian. »Dann schauen wir mal, was

unser Jojoe über *BrainVision* herausgefunden hat. Oder halt nicht.«

Die Wohnungen im Flur B des Jungentraktes waren komfortabler als jene in Flur A, allerdings nicht unbedingt begehrter, denn die meisten Galileos wollten keine Einzelwohnung, sie wollten einen Mitbewohner, schließlich ist Heimweh zu zweit besser erträglich. Gleich neben Julians Zimmer (Nr. 31) lag jenes von Levin (Nr. 33) und direkt daneben hatte Jojoe (Nr. 35) gewohnt – genau am Ende des Flurs. Kim drückte die Klinke zur Wohnung des Verstorbenen herunter.

»Verschlossen«, stellte sie fest. »Und jetzt?«

»Tür zu, Abenteuer vorbei«, sagte Julian trocken. »An Levins Gerede ist sowieso nichts dran. Der Wichtigtuer steht einfach auf dich. Lassen wir es gut sein: Es gibt keine Unterlagen! Damit ist der Fall abgeschlossen.«

»Wie, ›abgeschlossen‹? Du hast Jojoe die Treppe hinuntergestoßen«, zischte Kim ihrem Freund entgegen. »Oder hast du das völlig verdrängt?«

Statt auf Kims Bemerkung einzugehen, fragte Julian: »Wie hat dir Levins Vortrag gefallen?«

»Gut«, sagte Kim. »Das Thema war interessant und seine Ausführungen gut aufbereitet.«

»Wen interessiert schon so ein *Rich-Prepper-*Gelaber?«, entgegnete Julian. Kims positive Kritik schien ihm nicht zu schmecken. »Ich glaube nicht daran, dass sich Zuckerberg auf Hawaii einen Bunker gebaut hat. Das sind alles nur Gerüchte. Levin ist anfällig für solche Verschwörungstheorien.«

Wie sie nun zurück zu Julians Zimmer wollten, kam ihnen eben dieser Levin entgegen, seinen Wohnungsschlüssel in der Hand.

»Na, geht es jetzt zum Wundenlecken ins Zimmer?«, fragte Julian hämisch. Levin steckte ungerührt den Schlüssel ins Schloss. Aber Julian ließ nicht locker: »Hast es wieder mal verkackt.«

Kim wunderte sich über seine derbe Ausdrucksweise. So kannte sie ihn überhaupt nicht.

»Denke nicht«, sagte Levin trocken und hob jetzt seinen Blick.

Kim traute sich nicht, ihm in die Augen zu schauen. Sie schämte sich ein wenig dafür, jetzt hier mit Julian zu sein.

Levin redete weiter: »Ich glaube, die Zuhörer hatten einfach einen schlechten Tag. Habt ihr einen kleinen Spaziergang zu Jojoes Zimmer gemacht?«

»Was geht es dich an, wo wir herkommen?« Julian wurde noch aggressiver.

»Was hast du eigentlich gegen mich?«, fragte Levin. »Hab ich dir einen Stein ins Glashaus geworfen oder was? Ich frage nur nett.« Das stimmte nicht, denn auch seine Bemerkung war spitzzüngig gewesen.

»Leute wie du nehmen anderen Leuten den Platz auf dem Galileo weg«, erklärte Julian. »Sie verpesten die Atmosphäre.« Er war angriffslustig wie eine Wespe im Spätsommer und legte seine Hand auf Levins, als dieser die Türklinke gerade herunterdrücken wollte. »Ne, Levin. Du bleibst schön hier! Wir haben zu reden.«

»Nicht, dass ich wüsste.«

»Oh, doch. Du machst hier die Leute mit deinen Verschwörungstheorien ganz kirre. Und du willst keinen Chip. Stimmt's?«

»Geht dich nichts an.« Levin zog seine Hand unter Julians hervor.

»Und ob mich das was angeht! Leute wie du, die keine Lust auf Optimierung haben, sind unnütz. Hast du schon mal ein Silberfischchen im Bad gehabt?«

Levin schaute erstaunt.

»Was ist? Hast du?«

»Ja.«

»Und was machst du damit?«

Ehe Levin antworten konnte, sagte Julian: »Zerdrücken. Diese Silberfischchen sind einfach unnütz.«

Kim war entsetzt von Julians bösem Reden. Es war ein übliches Mittel der Rechten, ihre Feinde mit Insekten zu vergleichen. Die Nazis hatten das auch mit den Juden getan.

Levin blieb ruhig. »Hör mal, Julian. Meine Eltern zahlen das hier, die Schule, die Wohnung und die Stipendien von Leuten wie dir. Ich gehe jetzt durch diese Tür, weil ich hier wohne. Ist das klar?«

Damit hatte er Julian direkt angegriffen. Der zog ihm dafür die Kappe am Schirm hinunter ins Gesicht und schubste ihn gegen die Tür. Seinen Unterarm drückte Julian brutal gegen Levins Kehle. Kim wäre stolz darauf gewesen, ein Stipendium zu haben, doch Julian litt darunter. Er schämte sich für sein Nicht-reich-Sein.

Die gegenüberliegende Wohnungstür öffnete sich, Fabian trat heraus. Der bullige Argentinier hatte mehr Energie als ein T-Bone-Steak, über hundert Kilogramm Kraft auf 1,82 Metern. Seine Muskeln wogen schwerer als jedes Argument. »Hat Levin wieder was ausgefressen?«, fragte er.

»Hat er«, sagte Julian und ließ von Levin ab. »Der Drecksack atmet uns den Sauerstoff weg und verbreitet krude Theorien.«

»Ich würde mir mal überlegen, auf welcher Seite du stehst, Levin«, riet Fabian. »Deine Haltung uns gegenüber muss sich ändern. Unsere Geduld ist bald am Ende. *Make the world a better one and get the chip! That's the way, the way, the way we like it. Rock is our President.*« Er sagte es mit einem Beat in der Stimme und in Anspielung auf den US-Präsidenten Dwayne Johnson.

»Was redest du da?«, fragte Kim. »Seid ihr alle verrückt?«

»Hör mal zu, Kim. Du bist Julians Freundin. Das respektieren wir. Julian hat Geduld. Deshalb haben *wir* Geduld. Aber wie ich sehe, hast du immer noch nicht den Chip.« Mit diesen Worten ging Fabian weiter und verschwendete keinen Augenblick mehr an Levin, Kim und Julian.

»Siehst du«, sagte Julian zu Kim. »Er hat nur ausgesprochen, was alle denken. Ändere dich. Sonst ändern wir dich. Die Zukunft schreitet voran.« Dann boxte er ansatzlos Levin in den Bauch, der sich krümmte und keine Luft mehr bekam.

Kim fuhr dazwischen, sie drückte Julian zur Seite: »Spinnst du eigentlich? Lass ihn in Ruhe.« Zum ersten Mal stellte sie sich gegen Julian und blickte ihn entschlossen an.

Doch er hörte nicht mehr auf sie: »Halt du dich da raus!«

»Nein! Oder willst du …?« Sie schaute auffällig hinüber zu einer der Kameras an der Decke.

Julian zeigte der Kamera den Fuckfinger: »Davor habe ich keine Angst. Die Kameras sind auf unserer Seite. Aber keine Sorge, Kim. Ich lasse deinen kleinen Nerd in Ruhe.« Er schwenkte mit dem Finger direkt vor Levins Gesicht. »Ihr seid ja befreundet. Oder?«

»Weiß nicht«, sagte Levin, der den Schlag noch nicht richtig verdaut hatte.

»Gib uns den Schlüssel von Jojoes Wohnung«, forderte Julian.

»Wieso sollte ich den haben?«

»Ihr wart doch so dicke? Und wir müssen was bei ihm nachgucken. Wer weiß, was Jojoe gegen das Galileo alles im Schilde geführt hat. Der Stinker hat seine gerechte Strafe gekriegt. Und falls du nicht aufpasst, wird die Gerechtigkeit auch über dich kommen.«

»Also ist er doch nicht gestolpert?«, sagte Levin.

Julians Blick schoss irritiert hinüber zu Kim. »Hast du geredet?«

»Ich habe nichts verraten. Ehrlich.«

»Sie hat nur gesagt, was sie sagen musste«, erklärte Levin.

»Wie meinst du das?« Julian drückte Levin gegen die Tür.

»Wie ich es sage.«

»Willst du mich verarschen? Was weißt du?« Julian geriet in Raserei. Er hatte genug Adrenalin, um einen Elefanten umzupusten. Doch unversehens ließ er von Levin ab und sagte nur: »Ach, egal. Ich mach mir die Hände nicht an dir schmutzig.«

Er wandte sich ab und befahl Kim: »Komm, jetzt!«

»Lass mich los.« Sie widersetzte sich.

Hilfe suchend schaute sie zu Levin, aber der war schon in seinem Zimmer verschwunden. Sie hörten nur noch das Klacken der Tür.

»Soll er sich ruhig in seinem Bau verschanzen«, sagte Julian. »Wir gehen.«

In seinem Zimmer flippte Julian aus. »Was hast du ihm erzählt?«

»Nichts«, sagte Kim.

»Ich hab gesehen, wie er dich angeglotzt hat.«

»Da ist nichts zwischen ihm und mir.«

»Du verbirgst mir was.«

»Es gibt keinen Grund zur Eifersucht.«

Julian wollte sie anfassen, aber sie wollte nicht.

»Ich mach dich fertig, wenn du mich verraten hast!« Julian war kaum zu bändigen. Was die Sache besonders bedrohlich für Kim machte, war, dass er direkt vor der Tür stand. Weglaufen war nicht drin. Sie hatte keine Chance, seinem Zorn zu entkommen.

Kim habe sein Vertrauen missbraucht, sagte er. »Aber das passiert mir nicht mehr. Nie wieder! Ich hab genug Geduld mit dir gehabt, Kim. Du bist verloren. Hau ab! Ich beschütze dich nicht mehr.«

Kim stand mit offenem Mund da. Hatte Julian alles vergessen, was zwischen ihnen war? Liebte er sie nicht mehr? Kein bisschen mehr? Es war, als tobe ein Drache in ihm. »Geh zu deinem Levin. Und hau ab vom Galileo.«

Julian schritt demonstrativ an ihr vorbei, setzte sich an den Schreibtisch und schaute gegen den weißen Wandschrank.

Kim war wie paralysiert. Sie konnte nicht einfach so weggehen. Wohin sollte sie? Bis jetzt hatten alle Wege immer zu Julian geführt.

»Ich hab dich nicht betrogen, Julian. Nie.«

Er zeigte ihr die kalte Schulter. Kyrillische Buchstaben erschienen auf dem Schrank. Er murmelte etwas auf Russisch. Die Worte auf dem Schrank waren wie Schlangen, Phrasen, die es zu lernen galt. Dr. Popow hatte sie vorgegeben.

Tränen liefen Kim über die Wangen. Seit sie dieses Zimmer betreten hatte, seit sie vor Jojoes Tür gestanden hatten, seit Levin von Julian fertiggemacht worden war, war nicht einmal eine Viertelstunde vergangen, aber für Kim war die Welt zerbrochen. Tränen liefen ihr in die Mundwinkel, sie schmeckten salzig.

Kim wischte sich durchs Gesicht und drehte sich um.

Es war vorbei.

Zu allem Unglück kam ihr Dr. Walker auf dem Flur entgegen.

»Hast du geweint, Kim?«

»Augenbrennen.«

»Ich habe dich gesucht. Du wolltest doch zu mir.«

»Ich …«

»Ich weiß«, sagte er. »Du hast dich verlaufen. Macht nichts.« Dabei blinzelte er sie aufmunternd an. Dr. Walker hatte einen Vollbart wie der Weihnachtsmann, nur in Pechschwarz. Genau wie ihr Opa. Die beiden hätten Brüder sein können, obwohl Walker gerade erst fünfzig sein mochte und ihr Opa schon viel älter war. Schön wäre es, wenn Walker sie in den Arm nähme. Doch das war natürlich verboten. So griff sie nur nach seinem Taschentuch.

»Woher wussten Sie, dass ich hier bin?«

Er hob zur Antwort die Augenbraue.

Okay, blöde Frage. Er hatte ihr Handy getrackt. Schließlich war er der Schularzt.

Walkers Praxis lag im Office-Trakt, nur wenige Türen entfernt vom Büro der Direktorin, aber seine Tür war beige statt gelb, und der Äskulapstab mit der Schlange darauf glänzte in Weiß darauf. Im Vorzimmer saß die Sprechstundenhilfe hinter der Theke. Alles wirkte wie in einer Praxis in der Stadt. Walker nahm Kim mit ins Untersuchungszimmer.

Ein mächtiger Schreibtisch dominierte den Raum, obwohl Walker genauso gut auf einem Stuhl an einem Tablet hätte arbeiten können.

Direkt neben der Tür gab es eine Sitzgruppe, bestehend aus einer Eckbank, zwei geblümten Sesseln und einem niedrigen Tischchen. Daneben großblättrige Pflanzen.

»Setz dich«, bat Walker.

Kim versank in dem bequemen Sessel wie in einer Welle. Walker definierte ein Screenfeld auf dem Tisch. Dann beugte er sich geschäftig nach vorn. Für eine Sekunde blickte Kim direkt auf Walkers verletzlichste Stelle, denn sein Haupthaar auf dem Kopf wurde oben ganz licht wie bei einem Mönch. »Also, Kim. Beginnen wir mit den Fakten. Deine Körperdaten sind zurzeit unberechenbar. Blutdruck und Puls gehen rauf und runter wie auf einer Achterbahn. Schau dir das an.«

Sie betrachtete die rote und die lilafarbene Linie.

»Hier in Grün, deine Konzentrationskurve, sie gleicht eher einem stacheligen Igel als einer eleganten Kurve. Mal bist du bei der Sache, dann … Schau mal hier, Ökonomie 2.«

Trotz der unguten Ergebnisse beruhigten sie Walkers Worte, seine Stimme war sanft wie Valium. »Du solltest auf deine Ruhephasen achten, sonst hast du bald die Grenze deiner Belastbarkeit erreicht. Zurzeit lebst du wie eine Kerze, die an beiden Seiten brennt.«

Sie wusste, warum sie keinen Schlaf fand und ihren Mittelpunkt zu verlieren drohte. Aber sie wollte ihm nichts von Levin und der Wahrheit über Jojoes Tod erzählen.

»Du darfst nicht so verkrampft sein, Kim.« Walker sah dabei auf ihre Hände, die sie zu Fäusten geballt hatte. »Du musst zur Ruhe kommen.«

Sie öffnete die Fäuste.

»Nicht jeder mit guten Noten oder einem perfekten BMI ist glücklich«, sagte Walker. »Nicht jeder unglücklich, wenn er mal unkonzentriert ist oder eine schlechte Arbeit schreibt. Das Leben ist uns geschenkt. Das Galileo gibt uns die Chance, uns zu optimieren, wir dürfen aber gleichzeitig nicht vergessen, wer wir sind: Menschen. Und die sind nun mal nicht immer perfekt.«

»Denkt *Brain* genauso?«, fragte Kim.

»Nein, für *Brain* ist das Leben eine Abfolge von Prozessen. Sie lebt von Algorithmen, will alles berechnen, braucht stets ein Ergebnis und zieht unentwegt Schlüsse, um die Prozesse zu verbessern.«

»Aber das ist doch gut? Wir wollen uns doch alle optimieren.«

»Nur brauchen wir dazu Zeit. Die KI hilft uns, aber sie hat es sehr eilig.« Er fasste eines der riesigen Blätter der Pflanze an und zog es zu sich. »Früher war ein Baum für die Menschen ein magisches Wesen. Dann haben die Menschen die Bäume gefällt und sie als Brennholz genutzt. Heute betrachten wir die Pflanzen unter dem ökologischen Aspekt. Wie viel CO_2 bindet die Pflanze, wie viel Sauerstoff produziert sie und so weiter. Für uns muss alles einen Sinn machen. Aber die Dinge selbst haben in sich keinen Wert mehr, nur noch für uns.«

Kim verstand nicht wirklich, was er damit meinte.

»*Brain* glaubt, dass wir jedes Problem durch

Technik und Wissenschaft lösen können. Sogar das menschliche Sterben. Aber am Ende können nicht alle überleben. Noch sind wir nicht zum Mars geflogen. Die Erde ist ein Gefängnis. Wir können ihr nicht entkommen, wir werden keinen Planeten bereisen, auf dem wir leben können. Das ist eine Illusion. Und woher wir kommen und wohin wir gehen, wird *Brain* niemals wissen, weil wir mit Logik nicht das Nichts erklären können. Das Leben ist einfach ein Geschenk.«

Das klang magisch und schön in Kims Ohren und so ganz nach ihrem Opa. Ob jeder Mensch ein Spiegelbild in einem anderen Menschen hatte? Ob ihr Opa und Walker sich spiegelten? Kim nickte, obwohl sie im Gegensatz zu Walker nicht an den Tod glaubte, jedenfalls nicht an ihren eigenen in der Zukunft. Jedes Organ war ersetzbar: ein Arm, ein Bein, ein Herz. Warum sollten Menschen künftig noch sterben? Nur bei einem Unfall, wie ihn ihre Oma und ihr Vater erlitten hatten. Aber einen natürlichen Tod musste sicherlich bald keiner mehr erleiden.

»Das Nichts, aus dem wir kommen und in das wir gehen, können wir nicht beschreiben«, wiederholte Walker. »Deshalb glauben einige Menschen an einen Schöpfer, einen Gott. Sie geben damit dem Nichts ein Gesicht. Aber *Brain* will, dass wir wie Gott werden, dass wir alles kontrollieren können, jeden unserer Impulse. Und wir im Galileo helfen ihr dabei.

Wir bieten ihr unsere Daten, damit die Datenlady uns hilft, ein bisschen göttlich zu werden.«

»Die Gefahr, dass der Computer so wird wie der Mensch, ist nicht so groß wie die Gefahr, dass der Mensch so wird wie der Computer.«

»Wo hast du das denn her?«, fragte Walker überrascht.

»Von meinem Opa.«

»Wohnt er noch in Amsterdam?«

Diese Frage überraschte nun wiederum Kim: »Ja. Berlin gefällt ihm nicht. Unsere Familie hat schon einmal in Berlin gelebt, aber dann sind fast alle von den Nazis ermordet worden.«

»Seid ihr jüdisch?«

»Wir haben gelernt, nicht jüdisch zu sein«, erklärte Kim nüchtern. »Aber woher kennen Sie überhaupt meinen Opa?«

»Jeder Wissenschaftler, der sich mit Nanobot-Technologie beschäftigt, kennt ihn. Ohne ihn hätten wir heute den Chip nicht, ohne ihn würden die Menschen immer noch unter Krebs leiden. *Brain-Vision* profitiert von seinen Forschungen. Doch sie zahlen sicherlich auch gut für die Patente von deinem Opa. Und soweit ich weiß, ist er *BrainVision* ja immer noch verpflichtet.«

»Davon hat er nie etwas gesagt.«

»Deinem Großvater Steven van Zandt ist es gelungen, dass die Nanobots im menschlichen Körper die richtigen Andockstellen finden, um uns zu beeinflussen. Es ist ein unendlich komplexes System, aber er hat es durchdrungen. Heute Nacht wird *BrainVision* ein Update für den *BrainChip* hochladen. Es soll der weiteren Vernetzung dienen.«

»Und dafür bekommt mein Großvater Geld?« Kim war irritiert.

Dr. Walker hob die Hände, als würde er sich ergeben. »Ich weiß nicht genau. Ich kenne mich mit dem Patentrecht nicht aus. Ich bin Arzt. Soweit ich weiß, ist aber dein Großvater wieder mit dabei. Ein neuer Chip soll in den nächsten Tagen an den Start gehen, erstmals in Europa, und zwar in Berlin.«

»Mein Opa hat gesagt, es sind keine Chips, es sind Clumps, Nanobots, die als mikrokleiner Klumpen eingeführt werden und sich dann im Körper verteilen.«

»Exakt«, sagte Walker. »Ganz genau. Und das Tolle daran ist, dass sie auf der Nanoebene durch das Gewebe fließen. Nichts kann sie aufhalten. Die künftigen Nanobots werden dann nicht mehr injiziert werden müssen, sondern sie können sich durch die Haut, beim Händedruck oder der Umarmung oder durch Tröpfchen von einem Körper zum anderen bewegen und vermehren. Du musst sie dir wie Viren vorstellen, nanokleine Roboterviren.«

»Ich glaube nicht, dass mein Opa dabei mitmacht.«

»Mag sein. Es wird viel erzählt. Schließlich würde ein solcher Chip die Welt revolutionieren. Jeder wäre mit jedem verbunden. Biologie und Nanophysik wären eins. Die Möglichkeiten sind unbeschreiblich. Ich kann es mir noch gar nicht vorstellen. Dein Opa ist ein Visionär.«

Kim kannte Steven nur als ihren Opa, der sie in Amsterdam seit ihrem vierten Lebensjahr täglich begleitet hatte, in die Kita, in die Schule, zum Zahnarzt, der mit ihr Hausaufgaben gemacht und für sie gekocht hatte. Sie wusste lediglich, dass er sein BioTec-Unternehmen *MedBot* für Millionen verkauft hatte.

»Kim! Hallo! Träumst du?«

»Nein, nein, schon gut.«

»Also, so wie ich das sehe, hast du seit vergangenem Dienstag diese extremen Schlafstörungen. Ist an dem Dienstag denn etwas passiert, das dich aus der Bahn geworfen haben könnte?«

»Weiß nicht«, log sie.

»Ich habe hier mal deine Bewegungsdaten vom vergangenen Dienstag. Du erinnerst dich? Jojoe war an dem Tag verunglückt. Du warst laut Handy-Ortungsdaten nach dem *BodyMoveScan* in deinem Zimmer.«

»Ich habe geduscht.«

»Und hattest das Datenband nach dem Duschen nicht wieder angelegt.«

»Ich hatte Kopfschmerzen.«

»Gut, da kann ich dich zumindest schon mal trösten. Der Chip wird dir keine Kopfschmerzen mehr machen. Bei mir sind sie auch wie weggewischt.«

»Sie haben den Chip?«

»Natürlich. Es gibt ja keinen Nachteil, nur Vorteile, ich bin jetzt völlig selbstbestimmt. Früher bin ich manchmal morgens schlecht gelaunt aufgewacht. Warum? Ich wusste es selbst nicht. Jetzt kann ich mir morgens sagen, dass ich gut gelaunt sein möchte, und bin es. Das wirst du auch noch lieben lernen.«

»Sind die Lehrer auch gechippt?

»Ein paar fehlen noch. Wie sollen sie sonst künftig die Schüler unterrichten?« Walker unterbrach sich selbst und knüpfte wieder an den alten Gesprächsfaden an. »Also, Kim. Aus deinen Bewegungsdaten kann ich erkennen, dass du bei Mrs. Smith gewesen bist – und zwar mit Julian. Hier sind seine Bewegungsdaten. Ihr habt euch danach getrennt und dann bist du am Sportplatz an der Trauerweide gewesen.«

Jede Minute konnte Dr. Walker anhand ihrer Daten rekonstruieren.

»Das ist eine lange Zeit ohne Datenband«, sagte er. »Warum hast du es nicht getragen?«

»Vergessen.«

»Du hättest es holen können. Du hast schon vor dem Mädchentrakt gestanden, bist aber dann am

Sportplatz vorbei zur Weide gelaufen. Was hast du dort gemacht?«

Kim schwieg, doch Walker war hartnäckig.

»Ich zeig dir mal die übrigen Kreuzdaten.« Auf dem Tisch waren jetzt jene Punkte in der Grafik zu sehen, an denen sich die Bewegungsdaten Kims mit denen weiterer Schüler überschnitten. »Wie du siehst, kreuzen sich hier deine und Levins Wege. Und zwar genau unter der Weide. Und warum?«

Sie kam sich vor wie in einem Verhör und schwieg.

»Nun gut. Gehen wir weiter. Levin wiederum war ein guter Freund von Jojoe.«

»Woher wissen Sie das?«

»Die beiden haben gemeinsam gechattet und telefoniert – und hielten sich häufig an denselben Orten auf.«

Das war alles logisch.

»Und gerade eben warst du mit Julian vor Jojoes Zimmer, was dich extrem in Aufregung versetzt haben muss. Schau hier, deine Erregungskurve – der Puls ist in den Himmel geschossen.«

Die Daten sprachen eine deutliche Sprache.

Walker schaute sie ernst an. »Ich kann dir nur helfen, wenn du ehrlich bist. Hat dein Zustand etwas mit Jojoes Tod zu tun?«

»Kann ich Ihnen vertrauen?«

»Ich bin an das Arztgeheimnis gebunden.«

Kim zauderte noch ein wenig, ob sie sich wirklich

auf Walker verlassen konnte. Aber er hatte auch von ihrem Schwangerschaftstest keinem erzählt. Trotzdem war sie skeptisch und fragte: »Haben Sie Jojoes Leiche untersucht?«

»Ja. Das ist meine Arbeit.«

»Glauben Sie, dass es ein Unfall war?«

»Ganz sicher.« Walker ging sich durch den Bart und lehnte sich im Sessel zurück.

»Sie wissen doch immer, wer wo wann im Galileo unterwegs ist.«

Er nickte.

»Können Sie auch feststellen, wer bei Jojoe war, als er angeblich im Atrium gestolpert ist?«

»Da war niemand«, sagte Walker.

»Woher wissen Sie das?«

»Ich habe das Video vom Sturz gesehen.«

»Okay. Aber …« Es war ruhig im Zimmer, lediglich die telefonierende Sprechstundenhilfe war leise aus dem Vorzimmer zu hören.

»Erzähl, Kim. Wie kommst du darauf, dass Jojoe nicht alleine war?«

»Ich war bei Jojoe an der Tür, weil ich gucken wollte, ob er mir etwas hinterlassen hat.«

Walker war verwirrt. »Wie hätte er dir etwas hinterlassen sollen? Jojoe konnte doch gar nicht ahnen, dass er an jenem Tag die Treppe hinunterfallen würde.«

»Er ist nicht gefallen, er wurde gestoßen, weil er

Informationen über *BrainVision* hatte, die dem Unternehmen hätten schaden können.«

»Und wer hat ihn gestoßen?«

»Julian.«

Walker setzte sich aufrecht.

»Er hat es mir erzählt.«

»Na ja, die Fakten sprechen eine andere Sprache.«

»Schauen Sie sich bitte die Bewegungsdaten von Jojoe und Julian an. Sie waren zum Zeitpunkt des Sturzes beide im Atrium.«

Walker rief jetzt Julians und Jojoes Daten vom 8. Mai auf den Tisch. Aber da gab es keine Überschneidungen der Laufwege beider Jungen.

»Das muss ein Datenfehler sein«, erklärte Kim.

»Ich glaube, du brauchst Ruhe. Du bist übermüdet.« Dr. Walker ging zum Medikamentenschrank und kehrte mit einer Packung Beruhigungsmittel zurück, zog einen Streifen Tabletten heraus und knipste eine Tablette ab. »Nimm die mit einem Schluck Wasser und geh dann direkt ins Bett. Morgen früh sieht die Welt wieder ganz anders aus. Ich gebe deinen Lehrern Bescheid, dass du heute nicht mehr zum Unterricht erscheinst.«

Kim wusste nicht, was sie sagen sollte.

»Ich werde mit Mrs. Smith reden, wie wir weiter vorgehen sollen.«

»Nein, bitte nicht.«

Walker streichelte ihr über die Schulter. »Keine

Sorge. Das Wichtigste ist, dass du gesund wirst. Wir kümmern uns um dich. Im Galileo ist keiner alleine. Wir sind eine Familie. Wir wollen doch nicht deinen Großvater enttäuschen.«

Walkers Rede machte sie noch unruhiger. Eine Familie? Keine Geheimnisse! Sie war nicht krank. Er behandelte sie, als sei sie verrückt. Auf dem Weg zum Mädchentrakt kam ihr Levin in den Sinn. Er war der Einzige, der ihr glaubte – gegen alle Fakten. Und ausgerechnet ihn hatte sie in der Not im Stich gelassen, war einfach mit Julian in sein Zimmer gegangen. Sie schrieb Levin eine Nachricht: »Tut mir leid, was eben passiert ist. Kannst du mir verzeihen?«

Kim hatte vergessen, die Klimaanlage herunterzudrehen. Sie zog sich ihre Jeans aus, legte im Bad die Tablette auf die Ablage und kämmte ihr Haar. Es ziepte. Nebenher las sie auf der silbernen Rückseite der Tablettenverpackung den Namen *Celtic Night*. Ob sie wirklich bis morgen früh durchschlafen würde? Sie putzte sich die Zähne, spülte den Mund aus, füllte das Glas erneut und drückte die Schlaftablette mit lautem Geknister aus der Verpackung. *Celtic Night*. Sie googelte *Celtic Night*. Es war ein äußerst rabiates Schlafmittel. Einer schrieb sogar, dass ihn die *Elefantenpille* umgehauen habe. Er sei kaum noch bis ins Bett gekommen.

Im Spiegelbild sah sie sich an. Sie hatte grüne Augen, genau wie ihr Großvater, Katzenaugen, bereit zum Sprung. Das behauptete zumindest ihre Mutter. Dabei wollte Kim nie gegen den Strom schwimmen, sondern mit den anderen sein. Mitmachen. Wenn sie jetzt nicht gemeinsam arbeiteten, würden sie die Probleme der Welt nicht lösen. Sie öffnete die Augen, so weit sie konnte. Sie wollte nicht schlafen, sondern wach sein. Grüne Katzenaugen. Ob ihr Großvater Geld von *BrainVision* erhielt? Sie schrieb ihm eine Nachricht, in der sie ihn direkt fragte.

Ihr Großvater las ihre Nachricht sofort und umgehend kam die Information: *schreibt*. Es dauerte und dauerte, bis schließlich die Nachricht eintraf, dass er übermorgen, also am Freitag nach Berlin komme und alles mit ihr besprechen wolle. Kaum dass sie ihr Handy abgelegt hatte, ruckelte es schon ungeduldig vibrierend über die Ablage auf die Tablette zu. Es war Levin, der mit ihr reden wollte. Er war kurz angebunden und sagte nur: »Lass uns treffen.«

»Wo?«

»Du weißt schon, wo du mich findest.«

»Okay.«

»Dann bis gleich. Ich warte.«

Kein Wort über die Sache vor seiner Wohnungstür, kein Vorwurf. Sie schaute sich erneut im Spiegel an, ließ das Haar offen, schob es ein wenig auseinander, so wirkte es voller. Er erwartete sie. Kim freute sich, lächelte, bis ihre Grübchen hervorstachen. Sie hatte kein Magenkribbeln wie bei Julian, aber sie wollte Levin so unbedingt sehen, dass es fast schon wehtat. Sie schaute bei *Happy Miss* nach, was sich Levin von einem Mädchen wünschte. Zu ihrem Erstaunen war er nicht bei der App angemeldet. Also zog sie Jeans und Top an. Handy, Watch und Stirnband ließ sie zurück auf dem Bett. Es war, als habe sie einen Anker gelichtet, als könne sie nun endlich los und zu Levin segeln. Die Kappe mit dem großen Schirm, die ihr Steven mal gekauft hatte und mit der sie in Shanghai gewesen waren, hatte sie schon lange nicht mehr getragen. Sie zog sie sich tief ins Gesicht.

Die Sonne stand senkrecht am Himmel. Es waren 36 Grad und das Leben schmolz wie Schokolade dahin. Die Pumpen der Pipelines, die das Wasser vom Nischnekamsker und Nowosibirsker Stausee aus Russland bis nach Deutschland führten, arbeiteten auf Hochtouren. Trotzdem war der Boden, über den Kim jetzt lief, staubtrocken. Immer noch verharrten die Sprinkler in der Erde. Berlin verbrannte, der Regenwald in Brasilien war längst gekippt. Keine Chance mehr, ihn wieder aufzuforsten, keine Chance mehr, das CO_2 wieder zu binden, das Wasser an den Polen wieder zu frieren. Keine Chance. Die Zeit tickte, und ihr Herz pochte, denn sie wollte voran zu Levin. Schnell und unauffällig.

Er wartete schon unter der Weide.

»Handy aus?«, fragte er. So hatte sie sich die Begrüßung nicht vorgestellt.

»Im Zimmer gelassen«, sagte sie.

»Gut. Unser Gespräch muss unter uns bleiben.« Er schaute sie ernst an. »Und diesmal wirklich.«

Sie nickte.

Er riss die Augen weit auf und schaute kritisch: »Ehrlich?«

»Ganz ehrlich. Es tut mir alles so leid, Levin.«

»Warum trägst du die Kappe?«

»Damit die Kameras mein Gesicht nicht erkennen.«

»Sehr clever. Aber du warst doch vergangene Woche bei Ted im KörperScan. Oder?«

Kim ärgerte sich ob ihrer eigenen Naivität. Denn *Brain* erkannte sie seither an jedem Schritt, da half auch keine Kappe.

»Gut. Das wäre dann geklärt«, sagte er. »Wenn wir chatten, sollten wir künftig unsere Nachrichten verschlüsseln.«

»Bist du eigentlich gar nicht mehr sauer auf mich?«, fragte sie. »Ich komme mir total schlecht vor.«

»Vergiss es. Hör bitte zu. Wenn wir fortan chatten, nutzen wir einen Code. Der läuft so: Jeder Buchstabe unserer Namen erhält eine fortlaufende Zahl. K in Kim bekommt also die Eins, das I die Zwei, das M die drei – und dann kommt noch dein Nachname. Verstanden? Und wenn ich eine 4 schreibe, dann meine ich damit ein V, also das v in KimvanTer, und mit der 8 das E.«

»Aber was ist mit den übrigen Buchstaben des Alphabets? Unsere Vor- und Nachnamen decken nicht alle Buchstaben ab.«

»Wenn die Buchstaben unserer Namen aufgebraucht sind, folgen die übrigen Buchstaben im Alphabet.«

»Warte mal. Ich ...«

»Es ist einfacher, als du denkst. Dein Vor- und Nachname haben insgesamt neun Buchstaben, also neun Zahlen: K-i-m-v-a-n-T-e-r. Wenn ich aber jetzt ein B tippen möchte, dann ordne ich ihm den Zahlenwert zehn zu, dem C die elf, D hat den Wert zwölf und E ...« Er stoppte und sah sie auffordernd an.

»Soll ich jetzt rechnen?«

»Ja, klar.«

»Die acht natürlich, weil es der achte Buchstabe in meinem Namen ist.«

Er nickte. »Und wenn du mir etwas schreibst, dann machst du das Gleiche mit meinem Namen.«

»Genial.« Kim staunte.

»Genial an dem Code ist, dass er individuell ist.

Denn jeder hat ja einen anderen Namen. Genial eben.«

»Eingebildet bist du wohl überhaupt nicht?«

»Die Methode ist nicht von mir. Sie stammt von den *Unknown*.«

»Was hast du denn mit denen zu tun?«

»Ach, nicht so wichtig. Hauptsache, du bist hier.«

Kim mochte keine schlaksigen Jungen mit Karohemden oder oversized Klamotten, keine blassen Jungen mit störrischen Haaren und Krächzstimme, aber Levin gefiel ihr jetzt. Er hatte ein ehrliches Lächeln. Er würde sich nie über andere lustig machen.

Sie hatte Levin wohl eine Sekunde zu lang offenkundig betrachtet, denn er fragte: »Was ist los, Kim? Habe ich etwas falsch gemacht?« Er rieb sich dabei über die Wange, weil er wohl glaubte, dort einen Krümel oder sonst was zu haben.

»Nein, nein, Quatsch. Ich bin nur ein bisschen müde«, log sie.

»Na gut«, sagte er. »Warum ich dich eigentlich sprechen wollte: Eben wurde Jojoes Zimmer durchsucht. Ich hab Geräusche durch die Wand gehört. Meine Wohnung liegt ja direkt daneben.«

»Wer war denn bei ihm?«

»Keine Ahnung. Ich habe geklopft, aber sie haben nicht aufgemacht.«

»Vielleicht seine Eltern?«

»Die kennen mich, die hätten geöffnet. Jemand

hat bestimmt die Unterlagen gesucht. Oder was meinst du?«

Er legte Wert auf ihre Meinung. Das schmeichelte Kim. Gleichzeitig hatte sie ein schlechtes Gewissen: Sie hatte nicht nur Julian von Jojoes Dokumenten erzählt, sondern auch Walker. Sie hätte die Klappe halten müssen.

»Träumst du, Kim?«, fragte Julian.

»Nein, ich denk nur nach.«

»Julian träumt nie. Stimmt's?«

»Woher weißt du das?«

»Der Chip verhindert das Träumen. Selbst nachts flüstert er dir noch Vokabeln und Formeln im Schlaf ein. Die Nacht wird der Sklave des Tages.«

»Der Spruch ist von meinem Opa.«

»Deinem Opa?«

»Ja, Steven van Zandt.«

»Er ist dein Opa?«

Sie nickte und war jetzt irgendwie stolz.

»Chapeau!«, sagte Levin. »Ich hab nicht geahnt, welche Prominenz in deinen Genen schlummert.« Ihr wurde ganz heiß, vermutlich waren ihre Wangen rot wie Erdbeeren. »Aber zurück zu Jojoes Besuch. Was wir nicht wissen, ist: Haben die Eindringlinge in Jojoes Wohnung gefunden, wonach sie gesucht haben? Und woher wussten sie überhaupt, dass es etwas zu suchen gab?«

»Es kann doch Zufall sein?«

»Warum bekommt er ausgerechnet heute Besuch, nach einer Woche? Julian hat sicherlich weitergeplappert, was du ihm erzählt hast.«

»Glaub ich nicht. Für ihn war Jojoe ein Spinner. Für ihn ist *BrainVision* unantastbar. Es gibt für Julian nur noch einen Weg und der ist der richtige Weg.«

»*The BrainVision-Path*: jeder für jeden in einer Welt, in der nur eines zählt: dass die Menschen mehr lernen, immer fleißig sind, den erforderlichen BMI und einen dicken BMW haben. Wir leben in einem gefährlichen Zeitalter …«

»… in dem der Mensch die Natur beherrscht, bevor er gelernt hat, sich selbst zu beherrschen.«

»Exakt. Du kennst den Satz?«

Sie nickte.

»Von deinem Opa.«

»Ja.«

»Er hat wohl ganz schön viel Einfluss auf dich.«

»Hätte er das, dann wäre ich nicht hier, sondern bei den *Unknown* im Spreewald.«

»Magst du ihn?«

»Ja, er ist halt nur anders als alle anderen Leute, er streitet sich oft mit meiner Mutter.«

»Weil sie wahrscheinlich so denkt, wie die meisten Menschen denken – an ihren Vorteil!«

»Vermutlich hast du recht. Meine Mutter denkt wirklich nur an sich und an mich. Und an Opa. Seit mein Vater und meine Oma bei einem Autounfall gestorben sind, fühlt sie sich oft alleine. Sie will, dass alles perfekt läuft, sie will, dass mein Leben auf einer ganz sicheren Schiene läuft. Ich glaube, sie will nur Sicherheit. Deshalb wollte sie unbedingt die Arbeit in der Botschaft. Sie will ...«

»Ich mag dich«, unterbrach Levin sie.

»Wie ...?« Kim hatte es die Sprache verschlagen. Alles hätte sie erwartet, aber das nicht. Da war etwas Sanftes und Einfühlsames in der sonst so kratzenden Stimme von Levin, das sie umhaute, es war etwas Liebevolles, das sie von Julian nicht kannte. »Sonst hätte ich dich nicht mehr angerufen, Kim. Ich glaube, du bist nicht wie Julian oder Fabian. Oder sonst wer hier auf der Schule. Du bist einfach ...« Er verstummte und sagte noch einmal: »Du bist nicht wie die Idioten. Du ...«

»Du auch nicht«, sagte sie.

Die beiden standen sich gegenüber. Kim hatte Herzklopfen. Wenn Levin sie jetzt hätte küssen wollen, sie hätte es zugelassen, sie wäre von jetzt auf gleich mit ihm zusammen gewesen.

Aber er tat nichts.

Und sagte: »Weißt du, was ich immer mache, wenn ich nicht mehr weiterweiß?«

»Was denn? Du küsst das Mädchen.«

Levin zog die Augenbrauen zusammen. »Nein, natürlich nicht. Ich bewege mich. Nur Bewegung bewegt dich. Ich stelle mir vor, wie die ganzen Zellen und jedes Atom gegeneinanderstoßen in meinem Körper. Dadurch bewegt sich etwas in mir. Blitze, Geistesblitze.«

Das war so bescheuert, dass Kim nur lachen konnte.

»Wenn ich einen Code nicht knacken kann, eine Aufgabe nicht gelöst kriege, dann bewege ich mich.« Er wandte sich um zum Stamm der Weide, schaute hinauf und versuchte hochzuklettern. Der Stamm war allerdings zu dick, um ihn zu umklammern. Wie ein Kind probierte er, sich mit den Fingerspitzen an der Rinde festzuhalten und zur ersten Gabelung des Stammes hochzuklettern.

»Schieb mal«, bat er.

Kim drückte gegen Levins Po. Na, super. Das war Romantik pur! Trotz ihrer Unterstützung – sein Po war übrigens gar nicht so knochig, wie sie befürchtet hatte – fand er keinen Halt in der Gabelung.

»Ihhh«, schrie er plötzlich. »Da ist ein Käfer. Der …«

Er rutschte den Stamm entlang nach unten, sprang die letzten Zentimeter und hockte jetzt auf dem Boden. »Das tut weh.« Er rieb sich die Hände, die rot von Anspannung und rauer Rinde waren. »Verdammt.«

»Was für ein Käfer?«

»Irgend so ein kleiner schwarzer Käfer. Ich hab mich erschrocken.«

»Ist er tot?«

»Was weiß ich? Er krabbelte unter meinem Finger. Er muss aus der Rinde herausgekrochen sein.«

Kim schaute auf den Baum. »Hast du ihn verletzt?«

»Wieso?«

»Hast du?«

»Beruhig dich, Kim. Der hat einen Chitinpanzer. Der hält einiges aus. Aber mein Knöchel nicht.« Er lief ein paar Meter, trat fester auf und sagte: »So, jetzt kann ich zwar schlecht laufen, aber wieder klar denken.«

»Und was denkst du?«

»Dass wir – koste es, was es wolle – in Jojoes Zimmer müssen, und zwar möglichst schnell. Wir müssen wissen, was er wusste.«

»Und das Video von Jojoes Sturz? Glaubst du, es wurde manipuliert?«

»Eins nach dem anderen. Du bist mir zu schnell.«

»Ich dir, das schmeichelt mir.«

Sie sagte es ironisch, aber das bekam Levin schon gar nicht mehr mit, denn er plante den Einbruch in Jojoes Wohnung. »Wir können es nicht tagsüber machen, die Kameras auf dem Flur überwachen jeden Schritt. Wir müssen warten, bis es dunkel ist, und dann von draußen einsteigen.«

»Kannst du die Kameras im Flur nicht ausschalten? Hacker wie du können doch so etwas.«

Er ging auf Kims Schmeichelei nicht ein: »Jojoe hätte das gekonnt, aber …« Dann unterbrach er sich selbst und legte den Finger auf seine Lippen. »Psst.«

Jetzt hörte auch Kim die Schritte.

Die beiden drehten sich um und …

… durch den Vorhang aus Zweigen und Blättern trat Henriette: »Was machst du denn hier? Ich hab dich überall gesucht, Kim.«

»Levin und ich haben nur was besprochen.«

»Ach so. Dir ist schon klar, dass wir im *Big Rest* auf dich warten? Wir wollten doch zusammen mittagessen.«

»Wer?«

»Na, Julian, ich, Fabian, Tuna und … Ich habe mir echt Sorgen gemacht. Julian hat gemeint, dass du auch bei Android gefehlt hast.«

»Mir geht es nicht gut.«

»Das sehe ich«, sagte sie vielsagend. »Weiß Julian hiervon?«

Kim schüttelte den Kopf.

»Er wartet nämlich auf dich. Er hat Mr. Chang davon abgehalten, dich suchen zu lassen.«

»Dr. Walker wollte doch die Lehrer informieren?«

»Weißt du was, Kim? Ich denke, du weißt selbst, zu wem du gehörst.«

Wie meinte sie das?

»Kommst du mit oder wollt ihr beide hier lieber

alleine sein und ...« Sie drehte kleine Kreise mit den beiden Zeigefingern und am Ende führte sie mit einem vielsagenden Lächeln die Fingerkuppen zusammen.

Kim erschrak insgeheim. Es war ihr unangenehm, dass Henriette denken konnte, sie habe mit dem Nerd Levin ein Date.

»Nein«, sagte statt ihrer Levin laut. »Kim und ich, nein, da denkst du ganz falsch. Wir ...«

»Also«, sagte Henriette. »Hast du jetzt Hunger, Kim?«

»Und du?«, fragte Kim Levin. Der schüttelte den Kopf und erklärte: »Du weißt doch, dass ich nie im *Big Rest* esse. Zumal Jojoe jetzt nicht mehr da ist.« Ohne ein weiteres Wort zu verlieren, verließ er den Schatten des Baumes.

»Hast du was mit dem?«, fragte Henriette.

Kim schüttelte den Kopf. »Was soll denn da laufen? Ich wollte meine Ruhe. Ich hatte eben Streit mit Julian und wollte meine Ruhe. Levin war nur zufällig auch am Baum.«

»Was für Streit mit Julian?«

»Ist egal.«

»Hier ist dein Handy«, unterbrach Henriette sie. »Hab es dir mitgebracht.« Sie hatte auch Kims Band und die *Watch* dabei. »Du wolltest anscheinend wirklich deine absolute Ruhe.«

»Fürsorglich. Sehr fürsorglich«, sagte Kim.

»Schon. Ich werde mich um dich kümmern. Das habe ich mir vorgenommen. Ehe ich dich diesem Nerd überlasse. Du hast ja gesehen, was mit Jojoe passiert ist.« Kim schaute ihre Freundin fragend an und sofort sagte Henriette: »Jojoe wollte dem Galileo schaden. Der Typ war mir unheimlich, irgendwie so verschlagen. Erinnere dich mal an Jojoes Augen, fast schwarz waren sie und die Haare extrem kurz. Ich mag es überhaupt nicht, wenn die Kopfhaut bläulich durchs Haar schimmert.«

»Was ist das denn für ein Rassistenspruch. Nur weil Jojoe Taiwanese war, musst du noch lange nicht ...«

»Oh, Sprachpolizei. Tatütata ... Und seine Narbe. Also mir hat er nicht gefallen. Dir etwa?«

Im *Big Rest* war es übervoll. Julian hatte Kim einen Platz freigehalten. Seine Mundwinkel zeigten freundlich nach oben, aber seine Augen lagen wie tote Steine in den Höhlen. Zu allem Überfluss erhob er sich, umarmte Kim und gab ihr einen Kuss. Sein T-Shirt war hellblau, kein Schweißfleck darauf zu sehen, kein Deo zu riechen. Kim setzte sich. Die Szene kam ihr vertraut vor, denn Fabian und Tuna saßen ebenfalls am Tisch, genau an jenen Plätzen, wie sie es vor ein paar Tagen geträumt hatte. Fehlte nur noch Nai. Einer der Roboter servierte Tuna grü-

nen frischen Salat mit weißen Bohnen, Cocktailtomaten und Heuschreckendressing.

»Möchtest du mal probieren?«

Kim winkte ab: »Zu nussig.«

Ihr Handy vibrierte. Ihre Mutter schrieb, dass
Kim übermorgen einen Termin zum Chippen in der
Klinik bekommen hätte.

»Hey, das ist ja unglaublich«, sagte Julian laut, er
hatte auf ihr Handy geschaut. »Unsere Kim hat einen
Termin. Dann wirst du eine der Ersten sein, die den
neuen Chip bekommen. Er soll noch besser sein.«

Warum freute er sich so für sie? Sie begriff sowieso nicht, warum Julian so nett zu ihr war. Eben
noch hatte er Schluss mit ihr gemacht. Und jetzt das?
Tuna nahm sie in den Arm. »Endlich, endlich. Dann
hört das mit den Goldbären auch endlich auf.«

»Was redest du da?«, fragte Kim. »Woher wisst
ihr das? Spioniert ihr mir nach?«

»Och, Kim. Du hast den Termin«, sagte Tuna.
»Lass uns lieber feiern.«

Ehe Kim sich weiter aufregen konnte, erschien
Nai mit ihrem Tablett: »Was ist denn hier passiert?
Wollt ihr mir nicht gratulieren?«

»Na, klar«, sagte Julian und umarmte sie. »Deine
erste Eins in Physik.«

»Das war mal mein schlechtestes Fach.«

Kim fiel auf, dass Nai Jeans trug! Und zwar Boot-
cut, genau der Schnitt, den Julian mochte.

Nai sagte: »Glaub mir, Kim, wenn du erst den Chip hast, wirst du keine Lust mehr auf Süßes haben und nur noch gute Noten schreiben.« Sie schaute an Julian vorbei zu Kim hinüber. »Guck mich an, ich esse endlich was.« Sie deutete auf ihren Teller. »Endlich. Weil ich endlich Hunger habe.«

»Genau«, sagte Tuna. »Bei mir hat sich auch als Erstes der Geschmack verändert. Süße Sachen haben mich plötzlich angeekelt.«

Nai wollte nun unbedingt noch ein Foto mit Kim machen. »Ein letztes Selfie mit Kim und Stirnband«, wie sie sagte. Kim weigerte sich, sie fühlte sich unwohl, obwohl Nai schon am ausgestreckten Arm das Handy vor sich über den Tisch hielt, damit Kim und Julian und sie draufpassten. Kim schaute weg. In beleidigtem Ton sagte sie: »Denkt eigentlich keiner von euch mehr an Jojoe? Er ist tot.«

Zu Kims Erstaunen sagte niemand etwas, stattdessen klatschte Tuna in die Hände, erst leise, dann lauter, dann klatschten alle am Tisch, und Nai sagte: »Hey, Kim. Bravo. Draaaamaa! Draaaamaa! Draaaamaa-Queen.« Alle applaudierten. Für sie war das alles nur ein Witz. Es war, als würden sie sich über Kim und Jojoes Tod lustig machen.

Kim sprang auf und riss dabei das Tablett um.

Empört lief sie durch die Stuhlreihen, am liebsten hätte sie jeden im *Big Rest* angeschrien, aber sie schrie nicht, sie stürmte vielmehr hinaus aus dem

Rest und lief ins Atrium. Die Halle erschien ihr jetzt noch größer, sie ging die Treppe hinauf, eine lang gedrehte Treppe wie eine Helix. Der Schlüssel des Lebens. Stufe für Stufe. Oben auf der Galerie stand sie nun und schaute hinunter. Am liebsten hätte sie sich fallen lassen, losgelassen von diesem Leben. Sie sah über das Geländer nach unten. Ihr Großvater verdiente Geld mit *BrainVision*. Und sie lebte von seinem Geld. Worauf sollte sie eigentlich stolz sein? Direkt unter ihr am Treppenabsatz musste Jojoe in seinem Blut gelegen haben. Aber da war nichts mehr, keine Blutspur, keine Wahrheit – er war einfach nur weg.

Kim schrieb eine verschlüsselte Nachricht an Levin, dass sie ihn vermisse, dass sie übermorgen in der Klinik gechippt würde. Levin schrieb nur: »Wir sehen uns heute Abend und werden nachschauen, was in Jojoes Zimmer auf uns wartet.«

»Ich will dich sehen«, schrieb sie. Am liebsten hätte sie ihm geschrieben, dass er sofort hierherkommen solle. Sofort!

Aber er schrieb: »Habe gleich noch Rechtswissenschaften.«

Verstand dieser Kerl überhaupt nichts?

Da kamen ihre Mitschüler aus dem *Big Rest*. Sie wäre jetzt gerne unsichtbar gewesen. Julian entdeckte sie und rief: »Komm runter!« Dann joggte er munter die Stufen hoch zu ihr.

»Ich will meine Ruhe«, sagte Kim.

»Kriegst du aber nicht.«

»Was willst du noch von mir?«

»Du gehörst zu uns.«

»Du hast mit mir Schluss gemacht. Schon vergessen?«

Er wollte ihr über die Wange streicheln.

Sie zuckte zurück und wollte nur weg. Bloß keine Berührung mehr.

»Dann geh doch«, sagte er.

So lief sie die Helix hinunter und raus in die Sonne.

Zum Unterricht ging sie nicht. Bei Dr. Walker log sie: »Mir ist schlecht«, und er schrieb sie krank.

Kim schrieb ihrem Großvater, dass sie übermorgen gechippt werde.

Als er dies nicht kommentierte, setzte sie noch dazu: »Ich habe gehört, dass du Geld von *BrainVision* bekommst.« Das stimmte so zwar nicht, aber sie wollte eine Antwort.

Er schrieb: »Du wirst die Erste sein, die den neuen Chip erhält. Alles wird gut. Und ja, ich bekomme Geld von *BrainVision*. Schließlich war ich an der Entwicklung beteiligt.«

»Ich werde mir niemals den Chip implantieren lassen.«

»Doch, das solltest du tun.«

Warum schrieb ihr Großvater das? Er hatte doch mehr als genug Geld! Sie hatte gedacht, dass er mit den *Unknown* sympathisieren würde – und jetzt das! Gerade als sie ihm erbost zurückschreiben wollte, schrieb er: »Sei deinen Freunden nah, doch deinen Feinden noch näher.«

Was sollte das heißen?

Nun schrieb auch noch Levin verschlüsselt: »Melde mich heute Nacht. Sei bereit! Bis dahin kein Kontakt mehr. Mit niemandem!«

Okay. Levin hatte recht. Sie atmete tief durch, ganz ruhig wollte sie sein. »Ich bereite jetzt alles vor«, sagte sie sich. »Ganz ruhig, Kim.« Sie nahm die Kleidung für die kommende Nacht aus dem Schrank, steckte sie in eine Tüte und legte sie hinters Bett, damit Henriette sie nicht gleich entdecken würde. Heute Nacht musste alles möglichst unauffällig vonstattengehen.

Da kam Henriette schon.

Kim tat so, als würde sie schlafen. Sie hörte ihre Zimmergenossin kramen, hörte sie reden, dann duschen, dann Stille. Stundenlang lag Kim mit geschlossenen Augen auf ihrem Bett. Sie wollte auf keinen Fall mit Henriette reden. Sie wollte mit niemandem ihrer Freunde mehr sprechen. Die Stunden erschienen ihr endlos.

Schließlich nickte sie ein.

DONNERSTAG,
17. MAI 2032

Es war kurz nach Mitternacht, als ihr Armband vibrierte. Levin schrieb, dass sie sofort kommen solle. Henriettes Schnarchen war beruhigend. Kim schlüpfte in ihre schwarzen Leggins, streifte sich das langärmelige schwarze T-Shirt über, dann schwarze Handschuhe, und am Ende zog sie sich die Kappe auf und stopfte ihre blonden Haare darunter. Sie war eine dunkle Gestalt, dunkel wie die Nacht.

Kim schlich zur Tür. Doch gerade, als sie sie öffnen wollte, fuhr ihr ein Gedanke durch den Kopf: Würde *Brain* sie nicht sofort entdecken? Denn der Flur war nachts ein wenig beleuchtet!

Also öffnete sie das Fenster. Alles musste schnell und leise über die Bühne gehen. Kaum hatte sie ein Bein aus dem Fenster gestreckt, da verstummte Henriettes Schnarchen. Würde sie gleich aufwachen? Sollte sie zurück ins Bett? Nein. Beherzt und dennoch vorsichtig stieg Kim aus dem Fenster. Von draußen schaute sie rein zu Henriette, ihre Augen waren geschlossen. Kim zog das Fenster so gut es ging hinter sich zu.

Schräg gegenüber lag der Jungentrakt. Dort musste sie hin. Es war eine ruhige, schwüle Nacht. Früher hatten hier auf dem Campus Grillen gezirpt. Jetzt gab es kein Grün mehr. Das Atrium lag wie eine gigantische Hutschachtel in der Mitte des Geländes, beschienen vom Licht des abnehmenden Mondes.

Sicherlich konnten einige der Schüler in der Hitze nicht schlafen und lagen wach in den Betten. Die Zimmer waren alle klimatisiert, doch nicht jeder mochte die Luft der Klimaanlage, und so stellten viele Schüler sie nachts ab und schliefen bei geöffnetem Fenster. Kim schaute zu den Kameras. Ob sie im Halbdunkeln noch erkannt würde?

Sie ging ein paar Schritte an der Wand entlang. Über ihr das Dach des Ganges, der das gesamte Gebäude umlief. Dann huschte sie gebückt über den ausgedörrten Boden hinüber zum Jungentrakt und verschwand dort wieder im Schatten des Daches. Sie schaute in Levins Fenster, konnte aber niemanden erkennen. Es war zu dunkel. Auch sonst fand sie keine Spur von ihm.

»Levin«, sagte sie mit gedämpfter Stimme. »Levin!«

Sie erschrak sich fast zu Tode. Denn nahezu lautlos tauchte Levin hinter ihr auf. Sie fuhr herum.

Er flüsterte: »Ich hab doch geschrieben, dass ich hinter der Ecke warte.«

»Das habe ich nicht so schnell entschlüsseln können.«

Er hatte einen länglichen spitzen Gegenstand in der Hand, an dessen einem Ende eine Kordel hing und an deren anderem Ende ein Pfropfen befestigt war. Kim traute sich nicht zu sprechen, sie beobachtete nur, wie Levin jetzt den Pfropfen auf Jojoes Fenster presste. Dann ließ er den spitzen Gegenstand in einem Kreis an der Kordel auf dem Glas schleifen. Kim hatte höllische Angst. Wenn man sie entdeckte, gab es einen Schulverweis. Ihre Mutter würde ausflippen. Sie wollte abhauen und sich wieder ins Bett legen. Noch einmal und noch einmal zeichnete Levin den Kreis auf der Scheibe. Ein rundes Glasstück fiel heraus und baumelte an dem Pfropfen. Er hob den Daumen.

»Wo hast du den Glasschneider her?«, wollte Kim wissen.

»Hab mir das Material dafür im Physiktrakt besorgt.«

Er griff durch das Loch in der Scheibe und öffnete das Fenster von innen. Sie stiegen ein.

Levin zog sogleich die Vorhänge zu, denn der Kegel seiner Taschenlampe fuhr durchs Zimmer.

»Wo sollen wir suchen?«, überlegte er laut.

Kim zuckte mit den Schultern.

»Hast du Angst?«, fragte Levin. »Das Licht deiner Taschenlampe zittert. Du musst dich beruhigen. Es ist richtig, was du tust.«

»Ja. Ich … Egal.« Sie riss sich zusammen und kombinierte: »Nehmen wir mal an, Jojoe hat geahnt, dass er sterben muss. Dann hat er die Informationen so versteckt, dass nur du sie finden kannst. Vielleicht ist es ein Zugangscode für eine Cloud, den könnte er auf dem Handy oder dem PC gespeichert haben.«

»Nein. *Brain* würde die Daten sofort mitlesen«, sagte Levin. »Ich frage mich, ob die Daten überhaupt digital sind?«

»Oder er hat vielleicht sogar handschriftliche Notizen gemacht?«

Jojoes Arbeits- und Schlafzimmer war vollgestopft: Da lagen Spielkonsolen aus den 20er Jahren im Regal, eine uralte Playstation 7, es gab sogar noch einen

Videoplayer, Festplatten in Klarsichthülle, einen CD-Walkman, Platinen, Reballing-Werkzeug, irgendwelchen Schrauberkram und vier Fotokameras.

»Die hier hat noch richtige Filme«, sagte Levin. »Falls da die Informationen drauf sind, kommen wir nicht dran.«

»Warum haben die anderen das Material nicht mitgenommen?«

Levin zuckte mit den Schultern. »Vielleicht haben sie gefunden, wonach sie gesucht haben.«

»Glaubst du?«

»Keine Ahnung.«

Auf Jojoes Schreibtisch lagen zwei Stapel Bücher. Er hatte offenkundig auch noch auf Papier gelesen. »Das Buch kenne ich«, sagte Kim. »*Brave new world*. Hat mir mein Opa empfohlen.«

»Lass mal schauen«, sagte Levin. »*Die Totenbücher der Ägypter*, *Die drei Reiche*, *Hsie Ling-yun* und ein Buch von Lu Xun.« Levin blätterte die Bücher durch, fand jedoch keinen Hinweis darin. Kim hob die Matratze an, schaute in den Papierkorb, stellte sich auf den Bürostuhl und sah in die Lampe an der Decke. Nirgends war ein Stick oder ein Chip versteckt. Sie durchforsteten jede Ritze, aber schließlich sagte Levin: »Dann muss ich den ganzen Kram aus den Regalen mitnehmen und schauen, was ich auf den Datenträgern finde.«

»Und der Computer?«

Levin schaute sie von der Seite an. »Was denkst du? Hat er darauf geheime Daten gespeichert?«

»Okay, du hast recht. Aber fällt es nicht auf, wenn wir alles einpacken?«

»Das Loch in der Scheibe wird auch auffallen. Das ist nun mal nicht zu ändern. Ich brauche eine Tüte oder irgendwas.«

Kim zeigte mit der Taschenlampe auf eine Aktentasche, die am Fuß des Schreibtischs lehnte. Wer benutzte noch so was? Als sie die Tasche fortnahm, war dahinter ein handgroßer Schaukasten und darin ein schwarzer aufgespießter Käfer zu sehen, nicht länger als ihr kleiner Finger.

»Skarabäus«, sagte Levin. »Jojoe hatte auch ein Amulett vom Skarabäus.«

»Genau wie Ted.«

Levin wollte die Sachen in die Aktentasche packen, aber sie war zu klein. »Gibt es denn keine große Tüte in dieser Bude?«

Kim durchwühlte den Schrank unter der Garderobe, schaute in einer Kommode nach, aber es war nichts zu finden. Da hörten sie Geräusche, sie kamen vom Flur. Die beiden lauschten und trauten sich kaum zu atmen. Draußen schien es wieder still zu sein.

»Da ist keiner«, sagte Levin.

»Und ob da einer ist.« Kim drückte ihr Ohr gegen die Tür.

Fast schien es ihr, als würde auf der anderen Seite der Tür auch jemand lauschen. Dann ein Rasseln. Ein Schlüsselbund. Jemand steckte einen Schlüssel ins Schloss. Geistesgegenwärtig griff Levin nach einem Stuhl und klemmte die Lehne unter die Klinke. Kim zog behände das Bettlaken vom Bett, warf die restlichen Medien hinein und stieg in Windeseile mit dem Bündel aus dem Fenster. Levin folgte ihr. Draußen verharrten sie eine Sekunde. Jemand stieß mit großer Heftigkeit gegen Jojoes Tür: »Aufmachen! Sofort öffnen!«

Die beiden schlichen ein paar Schritte weiter und stiegen in Levins Fenster ein. Wie zwei Käfer verschwanden sie dort. Während draußen auf dem Hof das Licht ansprang, zog Levin die Vorhänge zu.

»Was machen wir jetzt mit den Sachen?«, fragte er. Was ihm in all der Hektik gar nicht aufgefallen war: Kim hatte auch den Schaukasten mit dem Skarabäus ins Laken gelegt.

Ihn hatte nun doch Panik erfasst, was dazu führte, dass Kim sich prompt beruhigte. Es war wie bei einer Wippe, wenn der eine oben und aufgeregt ist, wird der andere unten ganz ruhig.

»Wenn sie wüssten, dass wir bei Jojoe eingebrochen sind, dann wären sie längst schon hier.«

»Das hoffe ich auch«, sagte Levin und ging zielstrebig ins Bad. Er öffnete eine gekachelte Klappe unter dem Waschbecken. »Dahinter verlaufen Rohre«, sagte er. »Gib mal.«

Sie reichte ihm das Laken und die Tasche. Er kippte alles aus der Tasche zu den anderen Sachen im Laken und verstaute den Packen hinter der Luke.

»Da kommen die nie drauf.«

Es klopfte.

»Und jetzt?«, fragte Kim.

»Zieh dich aus«, sagte Levin.

»Wie?«

»Mach schon. Los, wirf die Sachen auf den Boden.«

Dann legte er sich ins Bett und sagte: »Komm schon.«

Es klopfte lauter. »Aufmachen! Kontrolle!« Es war Teds Stimme.

Sie verfolgte Kim bis unter die Bettdecke.

Die Tür wurde geöffnet.

»Was ist denn los?«, sagte Levin.

»Wir müssen die Zimmer kontrollieren.«

»Sie können nicht einfach nachts in mein Zimmer.«

»Doch. Jemand ist eben in Jojoes Zimmer eingebrochen. Und du wohnst direkt daneben.«

»Und? Er ist auch tot. Bin ich deshalb sein Mörder?«

»Jetzt rede keinen Blödsinn.« Spitzfindig sagte er noch: »Na, hast du da was zu verstecken?«

»Das geht Sie nichts an«, sagte Levin.

»Und ob.«

Teds Schritte kamen näher. Kim krallte ihre Finger in die Bettdecke. Auf der anderen Seite des Bettes wollte jemand die Decke hochheben. Aber Kim ließ es nicht zu. Keinen Millimeter. Sie hatte sie sich fest über den Kopf gezogen, ganz fest.

»Wer ist da?«, wollte Ted wissen.

Kim schwieg. Sie schwitzte. Um sie herum war die Dunkelheit unendlich und über ihr die Stimme von Ted. Es gab keinen Menschen auf der Welt, vor dem sie sich mehr ekelte.

»Was soll das?«

Kim krallte die Decke noch fester. Niemals würde sie jetzt loslassen.

»Bitte gehen Sie«, vernahm sie Levin. »Das hier ist meine Privatwohnung.«

Ted ließ ab von der Decke und fauchte: »Untersteh dich! Du willst doch nicht wirklich handgreiflich werden?«

»Sie gehen jetzt. Sonst schmeiße ich Sie raus. Und Ihre Security können Sie gleich mitnehmen.«

Security? Davon hatte Kim unter der Decke nichts mitbekommen. Es schien also noch eine Person im Raum zu geben.

Ted sagte: »Pass ja auf, mein Junge!«

»Ich bin nicht Ihr Junge!«

»Wo ist überhaupt dein Datenband?«

»Raus hier«, wiederholte Levin lauter.

»Na gut. Wir gehen. Aber wir bekommen schon noch heraus, wer bei Jojoe eingebrochen ist.«

»Mich können Sie von Ihrer Liste der Verdächtigen streichen«, sagte Levin frech. »Ich habe hier geschlafen – bis Sie kamen.«

Kim traute sich kaum zu atmen.

Endlich hörte sie, wie sich die Tür wieder schloss. Levin sagte: »Warte noch, Kim.« Es klackte, dann schien er die Tür abzuschließen. »Die Luft ist rein.«

Kim drückte die Decke zur Seite. »Poah. Das war knapp.« Ihr Herz pochte wie verrückt.

»Du musst zurück in dein Zimmer«, sagte Levin. »Vermutlich durchsuchen sie alle Zimmer. Dann fällt es auf, dass du weg bist.«

»Kannst du dich bitte umdrehen«, sagte Kim. »Ich bin fast nackt.«

Levin schien das überhaupt nicht peinlich. Er stand ja selbst nur in Unterhose vor ihr. Aber er gehorchte und wandte sich ab, während sie redete und wieder in ihren schwarzen Dress schlüpfen wollte. Sie überlegte laut: »Kann ich überhaupt jetzt raus? Es ist taghell. *Brain* wird mich sofort an meinem Gang erkennen.«

»Kann ich mich wieder umdrehen?«

»Warte.« Die Leggings hatten einen Faden gezogen, sie war mit dem Fuß daran hängen geblieben. »Verdammt!« Der bescheuerte Faden nervte sie, sie flippte innerlich fast aus. »Verdammter Mist! Mama wird total enttäuscht sein. Total.«

»Kann ich mich wieder umdrehen?«

»Ja«, sagte sie. »Ich bin fertig.«

Und so saß sie auf dem Bett: fertig.

»Geht es dir nicht gut?«, fragte Levin.

»Ich weiß nicht, ob es richtig ist, was ich hier tue. Du bist intelligent und mutig, ich bin das nicht, ich hab immer gemacht, was meine Mutter von mir wollte. Und ich musste immer fleißig sein, um an gute Noten zu kommen.«

»Ich … ich weiß nicht, was ich sagen soll? Manchmal muss man die Laufrichtung ändern.«

Sie kämmte sich mit der Hand das Haar zurück.

»Und jetzt? Was machen wir jetzt?«, fragte sie. »Raus kann ich nicht.«

»Stimmt. Lass nachdenken: Ted und seine Helfer werden dich gleich nicht im Zimmer antreffen, Ted wird eins und eins zusammenzählen und wissen, dass du dich unter meiner Decke versteckt hast.«

»Und was machen wir?«, wiederholte Kim.

»Ich weiß es auch nicht. Wir warten ab.«

Damit hatte sie nicht gerechnet.

Levin machte das Licht aus und zog die Vorhänge zurück. Da es draußen bereits taghell war, konnte garantiert niemand zu ihnen in den dunklen Raum sehen, aber sie dafür hinausschauen. Auf dem Bett hockend wirkte die Welt dort draußen wie ein gigantisches Aquarium, die braune Erde, der Mädchentrakt mit dem überdachten Gang. Kein Ted, keine Security, nicht einmal ein Schüler war zu sehen. Es war, als sei nichts geschehen. Sie saßen und schauten stumm hinaus. Da fuhren wie auf ein Kommando die Sprinkler aus der braunen Erde, öffneten sich blütengleich und zuerst zögerlich, aber dann schoss das Wasser mit hohem Druck aus den Düsen. Es war wie ein Tanz, den das Wasser dort draußen vollführte. Levin und Kim schmunzelten, ausgerechnet jetzt begann der Regen. Sie nahmen sich in den Arm.

So blieben sie sitzen.

Fünf Minuten.

Zehn Minuten.

Kim fühlte sich wohl. Sie saßen da wie ein Liebespaar.

Arm in Arm.

Levin und sie.

Das Wasser dort draußen bildete auf dem ausgetrockneten Boden Pfützen. Der Boden war zu trocken, um es aufzunehmen.

»Ob sie mit der Suche aufgehört haben?«, fragte Kim nach einer Weile.

»Es war vermutlich zu aufwendig – sechshundert Schüler aus den Betten holen zu wollen. Ich ziehe die Vorhänge zu, mach du das Licht bitte wieder an.«

Aber Kim hielt ihn fest.

»Nicht jetzt«, sagte sie. »Bleib bei mir.«

»Äh, wir müssen uns beeilen. Wir müssen herausfinden, was Jojoe …«

»Ich weiß«, sagte sie.

Dann streichelte sie ihm über die Wange. Sie wollte seine Nähe, Levin war der einzige Mensch auf dieser verdammten Erde, mit dem sie sein wollte. Sie spürte ein Kribbeln im Bauch, aber er war so ungeübt, so weit weg von Liebe zu einem Mädchen. Sie berührte seine Schulter. Er wich nicht aus. Weil er gar nichts begriff? Oder hatte er es gern? Kim war verunsichert. So einen Jungen hatte sie noch nie kennengelernt. Sie strich zärtlich mit ihren Fingerkuppen an seinem Arm hinunter, die Beuge, den Unterarm, bis sich schließlich ihre Hände berührten.

Sie sagte: »Wenn du eine Hand hältst im Dunkeln, kannst du in der Nacht besser sehen.«

»Weiß nicht. Meinst du?«

Er hatte noch nie ein Mädchen geküsst. Da war sie sich sicher. Sie hörte seinen Atem und er den ihren, sie spürte jeden Herzschlag von ihm und er sicherlich den ihrigen.

»Fühlst du das?«, fragte sie.

Sie berührte mit ihren Lippen seine Lippen.

»Ich mag dich«, sagte sie.

»Ich dich auch.«

Dann küssten sie sich. Sie wusste nicht mehr, wer wen jetzt geküsst hatte, es war auch egal. Denn es tat gut. Sie sanken nach hinten aufs Bett, knutschten, und Levins Hand wanderte von ihrer Hüfte unter ihrem T-Shirt hinauf zu ihrer Brust. Es tat gut, sie spürte seine Lippen, seine Hand, und dann passierte etwas, mit dem Kim nicht gerechnet hatte. Levin wollte ihr die Hose herunterziehen. Er schien auf einmal frei von jeder Zurückhaltung zu sein. Das irritierte sie.

»Hast du ein Kondom?«, fragte sie.

Er zog seine Hand wieder unter ihrem T-Shirt hervor.

»Hast du?«, fragte sie.

»Nein.«

Es klopfte an der Tür. »Macht die Tür auf!« Diesmal war es Mrs. Smiths Stimme.

Die beiden wurden auf einen Schlag still, sie vergaßen fast zu atmen.

»Aufmachen!«, rief Mrs. Smith.

»Was ist denn los?!«, rief Levin genervt. Er schien jetzt vor nichts und niemandem mehr Respekt zu haben.

»Wir wissen, dass Kim bei dir ist.«

»Na und? Ist das verboten?«, rief Levin.

»Kim?«

Sollte sie antworten?

»Mach die Tür auf!« Ein Schlüssel wollte von außen ins Schloss dringen, aber Levin hatte seinen von innen stecken lassen.

»Aufmachen«, rief nun Ted.

»Nein! Privatsphäre müssen Sie respektieren.«

»Wir wollen doch nur mit Kim reden!«, sagte Mrs. Smith.

Levin bedeutete ihr, dass sie still sein solle.

Ted und Mrs. Smith diskutierten im Flur. Eine dritte Stimme, die Kim nicht kannte, redete nun mit. Sie konnten nicht verstehen, was sie sagten. Dann hob Mrs. Smith an: »Entweder du öffnest jetzt die Tür oder ich hole den Schlosser!«

»Wagen Sie es nicht!«

»Es ist unser Recht.«

»Mach auf«, flüsterte Kim ihm zu. »Es hat keinen Sinn.«

»Wenn du meinst«, sagte er.

Er zog den Schlüssel aus der Tür und setzte sich wieder neben Kim. Die Direktorin trat ein, gefolgt von Ted, der innerlich offenbar triumphierte. Sein Grinsen hatte so viel Energie, damit hätte er ganz Berlin und Potsdam gleich dazu mit Strom versorgen können. Er sagte: »Hab ich es mir doch gedacht. Du und Levin. Ihr zwei habt es faustdick hinter den Ohren. Ihr solltet …«

Mit einem »Genug!« stoppte die Direktorin ihn.

Levin war auf Krawall gebürstet und sagte harsch: »Ist es etwa verboten, sich zu treffen? Kim darf hier sein.«

»Das interessiert uns nicht«, sagte Mrs. Smith.

»Aber in Jojoes Wohnung wurde eingebrochen und ...«

»Wo ist das Zeug!«, fuhr Ted dazwischen.

Mrs. Smith schritt zum Fenster und öffnete es. »Schon merkwürdig: Die Fenster sind zu, die Klimaanlage ist an, aber es ist hier drin fast so warm wie draußen. Wie kommt das? Na, Levin? Was denke ich wohl gerade?«

»Dass das Fenster bis gerade eben offen gewesen sein muss?«

»Sehr gut. Du hast es verdient, auf dem Galileo zu sein. Ich sage dir jetzt einfach, was ich vermute: Ihr beide seid in Jojoes Zimmer eingestiegen und habt nach Beweisen gesucht, die Jojoe gegen *BrainVision* in der Hand gehabt haben soll.«

»Wie kommen Sie denn nur auf eine solche Idee?«, fragte Levin frech.

»Wo ist das Zeug?«, fuhr ihn Ted nun von der Seite an. »Wo?«

Levin blieb stumm, woraufhin Ted sich Kim zuwendete und sie bohrend anschaute. »Du kommst noch einigermaßen glimpflich aus der Geschichte raus, wenn du endlich redest. Stimmt es, Mrs. Smith?«

»Wir wollen nur die Wahrheit«, erklärte die Direktorin. »Es geht uns stets nur um die Wahrheit.«

Kim schwieg weiter.

»Na gut«, sagte Ted und schaute unters Bett. Dann

ging er geradewegs auf die Badezimmertür zu. Kim kaute nervös auf der Unterlippe. Jetzt gleich wären sie überführt. Ted war für Kim wie so ein Terrier. Der würde sich gleich im Bad festbeißen und jeden Winkel durchschnüffeln.

Mrs. Smith schaute auf Levins Schrank. »Darf ich?«

»Kein Problem. Das Einzige, was Sie hier von Jojoe finden, ist diese Mütze.« Er zeigte auf den Schreibtisch und setzte die Kappe auf, während die Direktorin im Schrank die langen Hosen zur Seite drückte, um auf die Innenwand sehen zu können.

»Haben Sie etwas gefunden?«, fragte Ted, als er frustriert aus dem Bad zurückkehrte.

Die Direktorin schüttelte den Kopf.

»Ich werde deine Mutter darüber in Kenntnis setzen, dass du einen Freund hast«, sagte Mrs. Smith. »Das kannst du doch verstehen?«

»Und meine Mutter?«, fragte Levin. »Die muss es auch wissen. Oder machen Sie einen Unterschied zwischen Jungen und Mädchen?«

»Du solltest dich besser zurücknehmen«, sagte sie. »Selbst wenn du der Zweitbeste in diesem Jahrgang bist und dein Vater Staatssekretär ist, ist es immer noch kein Grund, hier so großspurig zu sein. Das würde ihm ganz sicher nicht gefallen.«

»Erzählen Sie es ihm ruhig. Es wird ihn freuen, dass ich endlich eine Freundin habe.«

Mrs. Smiths Gesicht war versteinert. Zu Kim sagte sie: »Na, dann kommst du jetzt mit.«

Ted nickte, und als wolle er Levin ärgern, zog er diesem die Kappe vom Kopf. »Wenn du mit Mrs. Smith sprichst, solltest du keine Kappe tragen. Das ist im Galileo nicht üblich … Respekt. Verstehst du?« Ted schaute sich die Kappe näher an. »Die hat dir also Jojoe geschenkt? Hübsches Muster.« Er führte die Kappe zu seiner großen Nase und roch daran. »Stinkt nach Baum. Wie kommt das? Etwa von der Weide, unter der ihr euch trefft?«

Levin riss ihm die Kappe mit einer blitzschnellen Bewegung aus der Hand. Er war sauer, richtig sauer. Kim konnte kaum glauben, was sich Levin alles traute. Das hätte Julian nie gebracht und sie auch nicht. Levin blaffte Ted an: »Das geht Sie nichts an. Ich fände es gut, wenn Sie nun endlich gehen würden. Sonst rufe ich meine Eltern an. Die werden schon dafür sorgen, dass Sie mein Zimmer verlassen.«

Mrs. Smith stand wortlos daneben, sie lächelte Kim an, aber ihre Augen lächelten nicht mit. Das war kein Lächeln eines Menschen, es war das Lächeln einer Maschine mit einem kalten Herz.

»Komm jetzt endlich«, sagte sie zu Kim.

»Geh ruhig«, meinte Levin.

Kim hatte schon mit Ted und Mrs. Smith den Raum verlassen, da kehrte sie noch einmal zu Levin zurück.

»Was ist?«, fragte er.

Sie sagte nichts und küsste ihn.

Dann umarmte sie ihn noch einmal und flüsterte ihm ins Ohr: »Wir lassen das nicht mit uns machen.«

Draußen warteten einige Jungen verschlafen auf dem Flur, darunter auch Julian. Das Licht war zu hell für diese Uhrzeit. Er blickte sie an, als sei sie eine Schwerverbrecherin, die nun von der Richterin die *Green Mile* entlang zum elektrischen Stuhl geführt wurde. Sie hielt den Kasten mit dem Skarabäus fest in der Hand. Das Glas an ihren Fingerkuppen beruhigte sie. Julian trug den dunkelblauen Schlafanzug aus Seide, den sie so gerne mochte. Er liebte Dinge, die Geld kosteten. Dinge waren für Julian wichtig. Er sagte immer: Mit Dingen umgeben wir uns, sie werden ein Teil von uns.

Kim spürte seine unbändige Wut, obwohl Julian kein Wort sagte. Aber seine Augen waren schmal wie Schießscharten. Ob er etwas von dem Einbruch ahnte? Oder jenem Kuss, den sie immer noch auf den Lippen spürte? Ihr Herz flatterte.

Eine Securityfrau öffnete die Glastür und ließ die drei hinaustreten. Überall waren Pfützen wie nach einem Regenschauer. Sie dachte an Amsterdam. An der Hand ihres Opas war sie in tausend Pfützen gesprungen. Sie lachte, er lachte. Amsterdam war die schönste Stadt der Welt.

»Sie können gehen«, sagte Mrs. Smith zur Security. »Wir kommen schon gut alleine mit Kim zurecht.« Die Direktorin hatte sich wieder beruhigt. »Endlich tun es die Dinger wieder«, womit sie den Rasensprenger meinte. »Endlich. Und du, Kim, gehst jetzt ins Bett, und zwar in dein Bett. Ist das klar?«

Kim bejahte wie aus Reflex. Eine Ja-Sagerin braucht manchmal ein ganzes Leben, um Nein sagen zu können. Kim erinnerte sich an den Spruch ihrer Mutter. Sie war eine Ja-Sagerin, eine Mitmacherin, kein Levin.

Kims Freundlichkeit wirkte sich günstig aus, die Stimmung der Direktorin schien umzuschlagen. Sie sagte freundlich: »Morgen werden wir über die Konsequenzen deines Handelns reden. Ich kenne deine Mutter gut. Sie ist eine starke Frau. Du wirst auch einmal eine starke Frau werden. Da bin ich mir sicher. Wir müssen nur alle gemeinsam daran arbeiten. Deshalb bist du ja auch hier auf dem Galileo.«

Kim schwieg, nickte und schwieg. Sie wollte die Situation nicht weiter eskalieren. Hoffentlich würde Levin die Informationen auf den Datenträgern finden. Dann hätte sich das alles zumindest gelohnt.

»Ich habe volles Verständnis für die Liebe«, fuhr Mrs. Smith fort, »aber irgendwann muss die Vernunft Einzug halten. Verstehst du?«

»Natürlich, Mrs. Smith.«

Die lächelte, und es war, als würde man auf einen Stein ein Lächeln zeichnen. »Lass den Kopf nicht hängen, Kim. Du kannst immer zu mir kommen. Was trägst du eigentlich da in deiner Hand?«

Sie hielt den Skarabäus ein wenig höher.

»Kennst du das erste Fernglas von Galileo Galilei?«, fragte Mrs. Smith.

Nein, das kannte Kim nicht.

»›Skarabäus‹ haben es später einige Gelehrte genannt. Der Skarabäus dreht den Dung zu einer kleinen Kugel und rollt sie dann vor sich her, so wie die Sonne am Himmel vorangerollt wird durch den Tag. Für die Ägypter war der Skarabäus der heilige Pillendreher. Wenn er in ihren Räumen auftauchte, dann wussten sie, dass bald das Wasser des Nils wieder steigen würde.«

»Ted hat auch einen Skarabäus.«

Der Techniker schaute sie erstaunt an und schüttelte den Kopf. »Wie kommst du darauf?«

»Sie haben doch letztens einen Skarabäus an einer Kette getragen.«

Er sagte: »Nein.«

»Doch«, beharrte Kim. »Er hing an Ihrem Lederband.« Sie schaute auf das Band, das er um den Hals trug, es verschwand in seinem Hemd. »Daran hing der ...«

Ted zog das Band aus seinem Hemd. Es baumelte

aber kein Skarabäus daran, sondern das kreisrunde Emblem des Galileo. »Du hast dich getäuscht. Du und Julian, ihr seid ein merkwürdiges Paar. Er hat uns auch so merkwürdige Dinge erzählt.«

»Dass er Jojoe die Treppe hinuntergestoßen hat?«

»Du weißt davon?« Mrs. Smith schien überrascht. »Julian hat ein paar Probleme mit sich gehabt. Die sind mittlerweile behoben. Alles ist gut und dir geht es auch bald wieder besser.«

Die Direktorin streckte Kim die Hand entgegen.

Kim zögerte, doch sie nahm die Geste an.

Sie war trainiert, ein Teil des Ganzen zu sein, kein frei schwingendes Teilchen wie Levin. Die Direktorin hatte einen festen Händedruck, beruhigend wie eine *Celtic Night*. »Jetzt kannst du wieder auf dein Zimmer gehen. Alles ist gut.«

Kim gehorchte.

Henriette lag im Halbschlaf. Müde bemerkte sie: »Da bist du ja. Ted hat dich gesucht.«

»Und gefunden.«

»Wo warst du denn?«

»Erzähl ich dir morgen. Versprochen.«

Henriette hatte anscheinend nichts von der ganzen Geschichte mitbekommen.

»Schlaf weiter«, sagte Kim. »Alles ist gut.« Sie sagte es nicht, um Henriette zu beruhigen, sondern um sich selbst zu beruhigen. Sie zog sich die Klamotten aus und legte sich ins Bett. Liegen, einfach nur liegen wollte sie. Was, wenn Julian sich wirklich alles eingebildet hatte? Nein, das war unmöglich. Unlogisch, unmöglich. Denk nach, Kim, denk nach. Ob Levin jetzt auch im Bett lag?

Sie stellte den Skarabäus auf die Ablage neben ihrem Bett. Seine Flügel schimmerten golden. Sie leuchtete mit der Handylampe darauf. Hatte er die Sonne verschluckt? Ein schönes Tier, dabei drehte er den ganzen Tag nur Kot. Warum hatte Ted eben geleugnet, dass er den Skarabäus an einer Kette am Hals getragen hatte? Die Lüge war sinnlos. Wollte er sie verwirren?

Kims Blick fiel auf den Fenstergriff, er stand nach unten. Jemand hatte es geschlossen. Sie schlug die Bettdecke zur Seite, ging ins Bad, machte das Licht über dem Spiegelschrank an und betrachtete sich. Da war ein Pickel auf der Stirn. »Ein Makel«, sagte sie zu sich selbst und sah die Tablette im Wasserglas. Es schien ihr, als habe jemand sie dort hineingeworfen. Sie schluckte. Ohne die Tablette würde sie nie zur Ruhe finden, niemals.

Als sie im Bett lag, erhielt sie eine Nachricht von Levin: »Mach dir keine Sorgen.«

»War Ted noch länger bei dir?«

»Nein, der ist doch mit dir gegangen.«

»Stimmt.«

»Was ist los mit dir?«

»Ich kann nicht mehr, Levin. Mein Großvater arbeitet für *BrainVision*.«

»Das glaube ich nicht. Er unterstützt doch die *Unknown*.«

»Sie arbeiten an einem ganz neuen Chip, der sich von Mensch zu Mensch fortpflanzen kann.«

»Und dein Opa ist mit dabei?«

»Sicher bin ich mir nicht.«

»Ich aber. Er macht sicherlich nichts, was die Freiheit des Menschen weiter einschränken könnte. Dein Opa hat die Seiten gewechselt.«

Kim hätte es auch gerne geglaubt. Sie schrieb: »Hab eine Schlaftablette genommen. Die haut selbst Elefanten um.« Dann versicherte sie Levin noch, dass sie immer zu ihm halten werde, egal, was passiere. Sie verschlüsselte nicht ihr »Ich vermisse dich!«. Es war ihr egal, ob Mrs. Smith oder Ted mitlesen würden. Sollten sie doch wissen, wie sehr sie Levin mochte.

Er dagegen antwortete verschlüsselt: »Ich hab hier noch jede Menge Disketten, Sticks und Videos. Ich werde weiter versuchen herauszufinden, was Jojoe gegen *BrainVision* in der Hand hatte.«

»Schlaf lieber.«

»Nein. Ich ertrage es nicht, wenn Unrecht geschieht – und hier geschieht Unrecht. Du weißt es, ich weiß es, und deshalb bleibe ich wach und suche.«

Sie schickte ihm noch fünf Smileys mit Küsschen. Die hatte sie schon tausendmal an Julian gesendet. Es waren immer die gleichen. Sie waren austauschbar, von Junge zu Junge, von Zeit zu Zeit. Milliarden von Küssen wurden jeden Tag verschickt. Milliarden von glücklichen Gesichtern, es dürfte gar keine Traurigkeit mehr auf der Welt geben. Wann würde die Tablette endlich wirken? Sie genoss die Kühle des Zimmers und ihre leichte Gänsehaut. Schließlich erneuert die Kühle die Empfindung. Nach und nach zog die Schläfrigkeit in ihre Glieder. Dann fielen ihr Mrs. Smiths Worte ein: »Wie ich von Dr. Walker weiß, brauchst du viel Schlaf, Schlaf, Schlaf …« Walker … Er hatte geplaudert und Ted und Mrs. Smith von den belastenden Unterlagen erzählt. Walker war der Verräter …

AM MORGEN

Henriettes Gesicht – fröhlich. Sommersprossig. Unbeschwert. Rotes Haar und helle Brauen. Kim war noch halb im Schlaf und bemerkte das Haifischlächeln in Henriettes Fröhlichkeit nicht. Die drängte: »Viertel vor acht, Kim! Aufwachen! Stirnband an und ab zum Frühstück!«

Kim rieb sich den Morgen aus den Augen. »Ich bin krank.«

»Du bist nicht krank. Du hast dich gestern mit

Julian rumgetrieben. Ich hoffe, ihr habt nichts getrunken. Ach, du trinkst ja nie. Wach auf! Wer feiern kann, der kann auch schulen.«

»Schulen?«

»Na, in die Schule gehen. Schulen halt.«

Was war das denn für ein Blödsinn?! Wie konnte sie nur so viel reden? Kim fühlte sich wie in einem Wattebausch gefangen, umgeben von Henriettes Worten.

»Warte mal kurz, Henry«, sagte sie hilflos. »Warte. Ich war gestern nicht bei Jul…«

»Steh auf. Komm! Los! Draußen scheint die Sonne.«

Als würde die Sonne nicht immer scheinen! Als hätten sie die Zwei-Grad-Hürde nicht längst genommen! Sibirien hatte Dauersommer und in Dubai fiel Schnee. Alles war so gekommen, wie es hatte kommen müssen, wie es die Wissenschaftler vorausgesagt hatten. Aber Henriette redete, als sei alles in Ordnung.

»Los, Kim. Los! Die Rasensprenger tun es wieder. Schau es dir an. Die machen Regenbögen da draußen.« Dann stockte sie und fragte entsetzt: »Was ist das denn?« Henriette hatte den Skarabäus auf dem Board neben Kims Bett entdeckt. »Ist ja wuah! Wer hat den denn aufgespießt? Und wo hast du das seltsame Ding her? Ich will nicht, dass so was in unserem Zimmer lebt.«

Kim setzte sich aufrecht, nahm den Schaukasten und steckte ihn unter die Decke. »Weg ist er. Bist du jetzt zufrieden?«

»Lebt das Ding?«, fragte Henriette. Und tatsächlich glaubte auch Kim, etwas unter der Bettdecke gehört zu haben. Leicht panisch zog sie die Decke weg, aber da lebte nichts mehr. »Mit so einem Nagel im Rücken ist keine Auferstehung möglich«, sagte sie. »Du machst mich total verrückt, Henry.«

»Los, auf jetzt. Komm!«

Kim gehorchte, sie floh vor der aufgedrehten Henriette ins Bad, stellte sich unter die Dusche und genoss das Wasser. Endlich. Jetzt erst fiel ihr wieder Levin ein. Ob er heute Nacht Erfolg gehabt hatte? Sie musste mit ihm reden. Dringend!

Doch als sie das Bad verließ, stand schon Henriette vor der Tür. »Vergiss dein Handy nicht. Ortung ist das halbe Leben.« Und dann hielt sie Kim auch noch das Datenband entgegen. Sofort spürte sie den Druck auf ihrer Stirn, später würde er in Kopfschmerz übergehen. Es war immer das Gleiche.

»Ich muss dir was erklären«, sagte Kim.

»Kannst du gleich noch machen. Keine Zeit für Erklärungen. Ich hab Hunger. Der Chip sagt: Du musst essen, Henriette! Du musst in den *Rest!*« Mit diesen Worten ließ sich Henriette auf Kims Bett fallen und sang irgendeinen Song, den sie offenkundig in ihrem Kopf hörte, den aber Kim nicht hören konnte.

»Du bist ja total durchgeknallt«, sagte Kim.

Dann stützte sich Henriette hektisch auf ihre Ellbogen und es knackte dumpf. Zuerst wusste Kim nicht, was geschehen war. Doch dann schrie sie: »Henry! Was hast du …?«

Henriette schreckte hoch, fragend.

»Geh zur Seite«, befahl Kim und zog an der Bettdecke. Darunter kam der Schaukasten zum Vorschein. Das Glas war gebrochen. Henriette hatte es mit ihrem Ellbogen durch die Bettdecke eingedrückt.

»Tut mir leid.«

»Zu spät. Jetzt kommt Luft an den Käfer und die Würmer werden ihn fressen.«

»Welche Würmer?«

»Museumswürmer. Die sind winzig und fressen solche Präparate, sobald Luft daran kommt.«

»Dann schmeiß ihn weg.«

Das wollte Kim nicht. Sie streichelte mit den Fingerspitzen über den Panzer des Skarabäus. Glatt war er, ganz glatt. Und er schien ihr viel verletzlicher, als Levin es gesagt hatte. Man musste sich vorstellen, Fleisch und Organe nicht auf dem Skelett zu haben, sondern dass das Skelett Fleisch und Organe umgab. Kim legte trotz der Scherben die Bettdecke wieder über den kaputten Kasten und sagte nur: »Jetzt nicht, Henry.«

Zehn Minuten später schritten die Mädchen zum *Little Rest* im Mädchentrakt. Durch die Fenster sah Kim tatsächlich draußen die Rasensprenger, wie sie das Wasser aus den russischen Stauseen in die Berliner Luft versprühten. Henriette sagte: »Bald haben wir wieder Gras. Es geht aufwärts.« Dabei nahm sie ihre Freundin in den Arm. Kim war noch nicht dazu gekommen, ihrer Freundin von der Nacht zu erzählen. Vielleicht war es ja auch nicht so wichtig. Es war ein neuer Tag.

Im *Little Rest* schoss Henriette sogleich auf Tuna zu. Sie saß alleine an einem Vierertisch und löffelte ihr Müsli. Überall hockten Mitschülerinnen. Wo war eigentlich Merle? Kim hatte sie schon seit Tagen nicht mehr gesehen. Aber warum auch? Schließlich sahen Tuna und Merle fast gleich aus, hatten die gleichen Einstellungen und waren gleich oberflächlich.

»Na, endlich«, begrüßte Tuna Henriette. Umarmungen, Küsschen rechts, Küsschen links wurden verteilt.

»Kim hat getrödelt«, petzte Henriette. »Die kam einfach nicht hoch.« Tuna umarmte jetzt auch Kim. Küsschen rechts, Küsschen links. »Kein Problem. Ich hab euer Essen schon geordert.«

»Wie geht das?« Henriette war erstaunt. Schließlich hatte jeder seinen speziellen Frühstücksmix, den der Bot frisch vorbereiten musste.

»Es gab heute Nacht ein Update für den Chip. Deshalb weiß ich, was du essen solltest.«

»Kapier ich nicht«, sagte Kim.

»Willst du essen oder nicht?«, fragte Tuna.

»Ja, aber …«

»Dann freu dich einfach. Wie ist es mit Levin?«

»Mit Levin?«

»Alle wissen Bescheid. Was ist mit ihm?«

Henriette grätschte aufgeregt ins Gespräch: »Halt, halt, halt. Was hab ich verpasst? Was ist mit Levin? Ich kapier nichts mehr.«

Der Bot brachte das Frühstück, jedem seine Schale und den Saft. Genau wie es sein musste.

Henriette nahm einen Löffel Müsli und fragte noch mit vollem Mund: »Erzähl, Kim. Was ist mit Levin?«

»Das wollte ich dir schon die ganze Zeit sagen: Ich war heute Nacht nicht bei Julian, sondern bei Levin. Du hast das falsch verstanden.«

»Bei Levin? Warum erfahr *ich* das nicht? Und warum wissen es alle anderen?«

»Ich hab es keinem erzählt.«

»Das brauchtest du auch nicht«, hob Tuna an. »Alle haben es gesehen. Kim ist heute Nacht aus Levins Zimmer gekommen. Und da hatten die meisten das Update vom Chip schon. Wir haben durch die Augen von Julian zugeguckt, wie du mit Mrs. Smith und Ted über den Flur gegangen bist.« Dann erzählte Tuna die ganze Story, wobei sie sich noch Kims scheinbare Erlaubnis mit den Worten »Es wissen ja jetzt eh alle« erzwang. »Jedenfalls vermuten alle, dass Levin heute Nacht in Jojoes Wohnung eingestiegen ist, und dann hat er sich mit unserer Kim getroffen. Du bist verliebt – stimmt's, Kim?«

Kim kam sich vor wie in einer billigen Soap. Und sie war eine der Akteurinnen. Alle Schüler hatten beobachtet, was bei ihr gerade so passierte. Das war ein Schock. Stumm saß sie da und aß. Sie wäre am liebsten in die Schale gesprungen, um sich unter die Haferflocken, Früchte, die geriebenen Schaben und Heuschrecken zu mischen.

»Julian ist doch bestimmt total eifersüchtig?« Henriette ließ nicht locker.

Kim löffelte schweigend weiter. Ihr war das alles peinlich. Sie kam sich vor, als würden sämtliche Blicke sämtlicher Mädchen hier im *Little Rest* auf ihr herumkrabbeln.

»Kihim? Redest du nicht mehr mit uns? Ist Julian sauer?«, fragte Henriette.

»Warum sollte er sauer sein? Er hat mit mir Schluss gemacht!«

Henriette war baff. »Wieso hat er das getan? Und wieso weißt du« – Henriette schaute zu Tuna – »so genau Bescheid?«

Kim schaute wieder in ihr Müsli, das allmählich zu einem Brei wurde.

»Das Update«, sagte Tuna. »Heute Nacht gab es ein Update. Hab ich doch eben schon gesagt. Wir sind jetzt durch den Chip miteinander verbunden.«

»Das heißt?«

»Dass wir ständig miteinander kommunizieren können.«

»Und warum krieg ich nichts mit?«

»Weiß nicht. Bist du online? Du kannst jedenfalls alles durch deine Gedanken steuern.«

Henriette schloss die Augen: »Stimmt. Ich kann die Nachrichten sehen, die du mir eben geschrieben hast.«

Kim war überrascht. »Wo, Henry? In deinem Kopf?«

Henriette nickte und schlug die Augen auf. »Vor meinem geistigen Auge.« Sie schaute Kim an. »Ich sehe alles: dich, den Bot und dort drüben das Bild an der Wand, und gleichzeitig – wie auf einer zweiten Ebene – sehe ich auch noch Nachrichten von Freunden.«

»Ja, es ist sooooo gut«, ergänzte Tuna. »Wir brauchen das Handy nicht mehr. Es ist, als ob du ein Smartphone im Kopf hast. Ich frag mich nur, warum du das Update heute Nacht nicht bekommen hast.«

»Sicherlich ein Systemfehler«, sagte Henriette. »Aber egal, jetzt …«

Es war genau, wie Jojoe prophezeit hatte: Der Chip verband jetzt jeden mit jedem. Alle waren Teil eines gigantischen Netzwerks. Tuna hob den Arm, Henriette tat das Gleiche, und Kim war soooo zermürbt von dem Gerede und Gegacker, dass sie ihn auch hob. Sie wollte einfach ihre Ruhe haben. Jetzt stießen sie mit den Fäusten gegeneinander.

»All together now. Einer für alle, alle für einen«, sagte Tuna. »Wenn einer von uns lernt, lernen die anderen mit. Denn wir sind *Brain*.«

Kim war das zu kindisch.

»Hey, Kim, schreib mir mal was«, bat Henriette.

»Mit dem Handy?«

»Ja, klar. Du hast doch keinen Chip.«

»Und was?«

»Ach, irgendwas. Mach schon.«

Kim überlegte, dann schrieb sie eine Nachricht an Henriette: zwei Smileys und den Satz: »Du bist eine verrückte Maus.«

Henriette schloss die Augen und mimte die brillante Magierin. Schließlich öffnete sie die Augen und sagte: »Zwei Smileys und ›Du bist eine verrückte Maus‹. Diese Botschaft hast du mir gerade geschickt.«

»Und wie geht das? Ich hab doch gar keinen Chip.«

»Dein Handy überträgt die Informationen ins Netz und ich bin Teil davon. So stelle ich mir das vor.«

Kim war überwältigt und gleichzeitig geschockt. Alle ihre Mitschüler konnten jetzt untereinander

Botschaften verschicken, und sie würde nichts mitbekommen, würde keine tippenden Hände sehen, keine redenden Münder. Lautlose Kommunikation, nicht einmal Gesten gab es.

Als habe Tuna ihre Gedanken gelesen, sagte sie: »Deshalb brauchst du dringend den Chip. Ene mene muh, sonst raus bist du … Keine Sorge, wir reden nicht über dich in unseren Gedanken. Wir sind schließlich Freundinnen.«

Kim musste das sofort Levin erzählen, er hatte sich immer noch nicht gemeldet. Sie tippte: »Bist du wach?«

»Schreibst du Levin?«, fragte Tuna neugierig.

Kim nickte, und Henriette meinte: »Glaubst du, dass Julian mich mag?«

»Wieso?« Die Gegenfrage war Kim herausgerutscht.

Henriette lachte: »Keinen Stress. Ich will nichts von Julian. Vielleicht hängst du doch noch an ihm. Ich glaube, am Ende kommen du und Julian wieder zusammen. Du bist echt 'ne Nummer zu hübsch für Mr. Nerdi Nerd.«

In diesem Augenblick traf eine Nachricht von Levin ein: »Hab die halbe Nacht gearbeitet. Keine Botschaft, nichts. Muss jetzt noch Videobänder anschauen.«

Kim schrieb: »Wann können wir uns sehen?«

»Heute Nachmittag in Programmierung.«

»Hat sich Mrs. Smith gemeldet? Gibt es Ärger?«

»Nein. Und bei dir?«

»Was schreibst du denn da Komisches?« Henriette hatte einen Blick auf das Display erhascht und wunderte sich über die Zahlen.

»Ist doch egal.«

»Jedes Geheimnis geht die beste Freundin etwas an.« Dabei stupste sie Kim in die Seite und kitzelte sie mit dem Zeigefinger. Kitzeln war das Letzte, worauf Kim jetzt Lust hatte.

»Okay, okay. Du hast gewonnen. Ich schreibe mit Levin.«

»Verschlüsselt? Oder wie?«

»Was glaubst du, warum wir mit Ziffern schreiben?«

»Wie funktioniert das?«

Wenn sie Tuna, Henriette oder irgendjemandem, der einen Chip trug, etwas verraten würde, würde *Brain* es sofort mithören? Dann würde es vermutlich bald jeder wissen. Henriettes Ohren waren *Brains* Ohren, ihre Augen *Brains* Augen. Sie schaute Henriette an. »Ich sag es dir ins Ohr.« Sie flüsterte ihr zu, dass sie Tuna total bescheuert fände. Gleichzeitig schielte sie mit einem Auge zu Tuna hinüber. Die löffelte ungerührt weiter ihr Müsli. Ehe nun Henriette etwas sagen konnte, erklärte Kim: »War nur ein Scherz. Ich wollte testen, ob Tuna alles mithören kann.«

144

»Guter Test«, sagte Henriette. »Aber jetzt flüster mir das Gleiche noch mal ins Ohr.«

Das tat Kim.

Diesmal schaute Tuna sofort sauer zu ihr herüber.

»Siehst du«, sagte Henriette. »Ich kann sie auch zu mir freischalten. Dann kann sie alles mithören und sehen, was ich höre oder sehe.«

»Das ist unheimlich«, meinte Kim.

»Warum sagst du so was über mich?«, blaffte Tuna nun Kim angesäuert an.

»War nur ein Test«, erläuterte Henriette. »Kim hat es nicht so gemeint. Sie wollte nur wissen, wie das zwischen uns mit den Botschaften funktioniert.«

»Wir können sogar Gerüche verschicken und Gefühle«, meinte Tuna.

»Schmerzen und Freude können wir teilen. Aber ich weiß noch nicht, wie das geht.«

»Ich muss noch mal ins Zimmer. Hab Bauchschmerzen«, log sie.

»Aber du kommst zu Bio«, sagte Henriette.

»Ja, klar. Ich brauch nur ein paar Minuten.«

Kim wollte weg, doch Henriette folgte ihr. »Warte, Kim! Ich muss dir noch was sagen.«

Kim blieb stehen.

»Ich bin deine Freundin, das weißt du.«

»Ja.«

»Und ich sage dir: Entscheide dich. Warte nicht zu lange. Du musst wissen, zu wem du gehörst. Bislang sind wir alle *best friends.* Schwarmherzen sind wir. Aber wenn du uns nicht folgst, dann können wir auch dir nicht folgen.« Da war es wieder, dieses Clownslächeln, das einen erst in seinen Bann zog und dann in den Abgrund.

Henriette öffnete die Arme und Kim umarmte sie.

»Ach, weißt du was, ich komme einfach mit dir«, sagte Henriette.

»Du musst doch noch frühstücken.«

»Nein, ich muss meiner Freundin beistehen.«

Kim begriff, dass Henriette sie nicht mehr aus den Augen lassen wollte. Sie fühlte sich wie gefangen. Tuna saß dort hinten auf ihrem Stuhl und löffelte weiter das Frühstück, stumm, als sei sie selbst ein Bot.

»Weiß Tuna, was wir reden?«, wollte Kim wissen.

»Klar, sie ist doch unsere Freundin.«

»Das will ich nicht«, sagte Kim kategorisch.

»Hey, Kim. Sei nicht so engstirnig. Es ist Tunas gutes Recht. Schließlich sind wir einfach weggegangen. Sie braucht eine Erklärung. Und nun hat sie sie.«

Henriette war sonst stets eine Verfechterin von Individualität und Freiheit gewesen, jetzt hatte sie jede Privatheit aufgegeben.

»Weißt du auch, was Tuna denkt?«

»Nein. Ich habe sie nicht darum gebeten.« Nichts an Henriettes Mimik passte zusammen – Worte und

Gesten, nichts war synchron. Kim fürchtete sich vor ihrer Freundin, wie sie jetzt hier im *Little Rest* stand. Ein paar Mädchen aus der Sieben sprangen aufgedreht an ihnen vorbei und besetzten einen Tisch.

»Ich würde gerne alleine aufs Zimmer gehen«, sagte Kim.

Sie wandte sich ab und schritt durch die gläserne *Rest*-Tür, die sich lautlos öffnete. Kaum dass sie den Flur betreten hatte, tauchte Julian auf.

»Hallo Kim!«

»Woher weißt du, dass ...?« Sie drehte sich um.

Da stand Henriette in der geöffneten Tür. »Ich habe ihn gerufen. Ich finde, er sollte alles wissen. Wir müssen ehrlich miteinander sein.«

Julian war kein bisschen außer Atem, obwohl er vom *Big Rest* bis hierher gerannt sein musste, um Kim nicht zu verpassen.

»Ich habe gestern einen Fehler gemacht, Kim. Den würde ich gerne wieder ausbügeln.«

»Eigentlich brauche ich jetzt ein bisschen meine Ruhe«, wiederholte Kim. »Mir geht das alles zu schnell.«

»Wenn du den Chip hast, gewöhnst du dich an die Geschwindigkeit«, sagte Julian. »Ich hätte es auch nicht geglaubt. Keiner ist alleine. Du nicht, Henriette nicht, ich nicht, selbst die Lehrer sind mit dabei. Jeder kann jedem helfen, jeder ... Stell dir vor: Wenn ich einen Fehler mache, dann lernst du sofort von meinem Fehler. Wenn mir etwas gelingt, dann kannst du es mir gleichtun. Wir werden so schnell lernen, wie noch kein Mensch vor uns je gelernt hat.«

»Und was ist mit deinem *Survival of the fittest*?«

»Aber gemeinsam sind wir jetzt stark«, entgegnete er. »Angepasst sein heißt, dass wir alle das gleiche Ziel haben. Optimierung. Und am besten geht es, wenn es kein Du und Ich mehr gibt, wenn wir alle ein Netzwerk sind.«

Kim fühlte sich bedrängt, so dicht standen die beiden nun vor ihr. »Lasst mich bitte durch. Ich will in mein Zimmer.« Sie spürte die Blicke der anderen Mädchen auf dem Flur. Ob die auch schon Bescheid wussten? Wenn plötzlich jeder mit jedem verbunden war, dann wurde alles möglich, alles passierte gleichzeitig in Gedanken.

Kim ging einfach los. »Bleib doch«, sagte Julian.

»Nein.« Sie ging.

Der Flur erschien ihr heute endlos. Nicht umdrehen, nur nicht umdrehen. Dann tat sie es doch: Henriette und Julian waren stehen geblieben. Sie redeten nicht miteinander. Aber Kim hatte das Gefühl, dass sie trotzdem kommunizierten.

Sie schrieb Levin: »Lass uns sofort treffen.«

»Unter der Weide, in fünf Minuten.«

»Nein.«

»Wieso?«

»Sie wissen von unserem Treffpunkt.«

»Geht es um das Update?«

»Ja.«

»Bleib ruhig, Kim. Geh erst in dein Zimmer. Und dann nehmen wir ganz normal am Unterricht teil. Wir dürfen nicht auffallen.«

»Ich will hier weg. Jojoe ist schon tot und du …«

»Ruhig. Ganz ruhig. Geh auf dein Zimmer.«

Sie saß am Schreibtisch und legte den Kopf in die Hände. Was sollte sie tun? Weglaufen? Alles erzählen? Wem? Niemand außer Levin würde ihr glauben. Sie hatte die Regeln gebrochen, sie war in das Zimmer von Jojoe eingebrochen, sie war nicht normal, die anderen waren es. Normal. Was war das überhaupt? Normal? Genormt. Alle gleich. Alle perfekt. Alle glücklich. Ihre Mutter würde kein Verständnis für sie haben. Und ihr Großvater? Kim schaute auf Julians Foto an ihrem Schrank. Bis vor zwei Wochen war die Welt noch in Ordnung gewesen und sie die verliebteste Schülerin im Galileo. Und jetzt?

»Ruhig, bleib ganz ruhig«, sagte sie sich.

Sie löschte Julians Foto auf dem Schrank und suchte nach einem neuen. Von Levin hatte sie noch keines. Sie blätterte durch ihre Fotodatei. Ihre Mutter, Amsterdam, Steven, Freundinnen, Freunde, Urlaub und immer wieder Julian. *Sei deinen Freunden nah, doch deinen Feinden näher*. Was hatte Steven damit gemeint? Ein Foto zusammen mit ihm. Sie sitzen in dicken Jacken auf dem Rembrandtplein in Amsterdam. Der Platz ist voll von lebensgroßen Bronzefiguren des flämischen Künstlers. Drumherum Cafés, Bistros, Restaurants. Kim trug eine dicke Strumpfhose, die hatte gejuckt. Sie war damals neun Jahre alt gewesen und hatte Strumpfhosen gehasst. Ein junger deutscher Tourist hatte das Foto von ihr und Steven gemacht. Und jetzt war ihr Opa ein Verräter. Dieser Gedanke nistete sich in ihrem Kopf ein, aber sie schrieb trotzig eine Nachricht an Steven: »Ich hab dich lieb, Opa!« So, als wolle sie gegen ihr eigenes Gefühl ankämpfen.

»Ich dich auch«, schrieb er sofort zurück. »Mach dir keine Sorgen. Vertrau mir. Kannst du dich noch daran erinnern, wie wir immer zusammen gezeichnet haben? Was ist genauso wichtig wie der Bleistift?«

»Der Radiergummi«, schrieb sie spontan.

»Für alles gibt es einen *Eraser*. Denk immer daran. Alles wird gut. Ein Fehler kann immer ausradiert werden. Erinnere dich, wie wir am Rembrandtplein gesessen haben.«

Woher wusste er, dass sie sich gerade das Foto angeschaut hatte? Jetzt war sie völlig verwirrt. Und was wollte er ausradieren? Was war dieser *Eraser*?

Henriette platzte ins Zimmer: »Du bist ja immer noch hier!«

»Na und? Ich brauch ein bisschen Ruhe.«

»Chattest du etwa mit Levin?«

»Ja«, log sie.

»Du hast gestern schon verdammt viel Mist gebaut. Das sollte dir eine Lehre gewesen sein. Vergiss Levin. Streich ihn einfach. Er ist nicht gut für dich. Radier ihn aus deinem Leben raus. Der Typ ist total verbockt. Er versteht nicht, worum es geht.«

»Wie kommst du auf radieren?«

Henriette schaute sie erstaunt an. »Nur so. Ich will, dass du ihn vergisst. Denk lieber an Julian, der sieht obendrein noch besser aus.«

»Du warst doch selbst schon mal verliebt.«

»Aber nicht in einen Nerdi Nerd.«

»Jetzt hör endlich mit dem Scheiß-›Nerdi Nerd‹ auf!«, platzte es aus Kim heraus. »Das geht mir so was von auf den Wecker!«

»Ist ja gut. Ich weiß nicht, warum du für den alles aufs Spiel setzt. Komm mit zu Bio. Ich will, dass du bei uns bist.«

»Ich will aber nicht.«

»Doch«, sagte Henriette. Und sie sagte es so, dass Kim mit ihr ging. Und gute Miene zum bösen Spiel machte.

Die beiden Mädchen saßen vorne im Biologiesaal, direkt vor Mrs. Mercator. *Eutrophie* hieß das Thema. Der Raum war bis auf den letzten Platz gefüllt, obwohl die meisten den Unterricht in ihrem

Zimmer hätten mitverfolgen können. Sonderlich populär war Mrs. Mercator auch nicht. Warum also waren so viele gekommen? Der untere Rheinlauf stand heute im Mittelpunkt der Betrachtungen. An den Wänden der Klasse war der Verlauf des Flusses zu sehen, Schiffe und auch die Einleitungen der chemischen Industrie waren zu erkennen. Seit zwei Jahren konnte der Fluss in den Sommermonaten kaum noch befahren werden.

Mrs. Mercator war eine hochgewachsene Lehrerin aus Lettland, sie hatte einen leicht russischen Akzent in ihrem Englisch. »Obwohl viele Binnenschiffer schon auf die nicht so tief liegenden Frachter umgestiegen sind, hat sich der Güterverkehr in den vergangenen fünf Jahren aufgrund der Trockenheit um ein Drittel reduziert. Welche Alternativen gibt es zum Transport auf dem Fluss und welche Kosten verursachen sie?«

»Die Mercator spinnt«, flüsterte Henriette Kim zu. »Wir haben das Update und die macht Unterricht wie vor tausend Jahren. Was soll das?«

»Vielleicht ist sie gar nicht gechippt?«, vermutete Kim.

»Alle Lehrer sind gechippt.«

»Nein«, sagte Kim. »Dr. Walker hat gesagt …«

»Stimmt. Ich bekomme auch gerade die Information, dass Mrs. Mercator nicht gechippt ist, obwohl die Schulleitung darauf besteht.«

Woher hatte Henriette diese Information? »Weißt du das von *Brain*?«

»Wir sind alle *Brain*. Das ist das Tolle.«

Mrs. Mercator schaute die beiden Mädchen mahnend an. Henriette verstummte. Die Lehrerin fuhr fort: »Ich bitte euch, dass ihr in eure Überlegungen mit einbezieht, wie eine solche Veränderung des Transportweges politisch umgesetzt werden könnte. Der Rhein soll hier nur als Beispiel dienen. Schließlich ist er nicht der einzige Fluss mit Niedrigwasserproblemen. Ich freue mich auf eure unterschiedlichen Meinungen. Ihr habt nun eine Viertelstunde Zeit.«

»Wozu unterschiedliche Meinungen?!«, rief eine Mädchenstimme in provozierendem Ton von hinten. »Wir haben doch den Chip, wir können gemeinsam jedes Problem lösen.«

»Was aber, wenn nicht jeder den Chip möchte?«, fragte Jacqueline Mercator. »Nicht alle denken gleich, gerade die Ungleichheit führt uns zu neuen Erkenntnissen.«

»Quatsch! Wer sich nicht chippen lassen will, ist ein Problem!«, rief Julian aus der letzten Reihe. Seine Stimme war wie ein Donner. Normalerweise besuchte er den Kurs von Mrs. Mercator nicht. »Ich frage Sie: Machen Sie mit oder stellen Sie sich uns in den Weg, Mrs. Mercator?«

»Möchtest du mich provozieren?«, fragte sie.

»Dann bist du gerade auf einem guten Weg. Ich sage dir: Jeder hat das Recht, frei zu entscheiden. Ohne eine freie Entscheidung geht gar nichts. Das sagt auch *BrainVision*-Gründer Jon Hummer. Du bist gerade mal fünfzehn Jahre alt und …«

»Der Chip macht uns älter. Ich glaube, ich weiß schon viel mehr, als Sie mit fünfzehn zu wissen träumten. *Times are changing. We are free.*«

»Jeder hat das Recht, frei zu entscheiden.« Die Lehrerin wiederholte stumpf das Zitat von Jon Hummer.

»Nein«, widersprach Julian. »Hummer sagt, dass wir uns für die richtige Sache entscheiden sollen. Er wäre nie so dumm zu denken, dass der Mensch frei entscheiden kann. Sie, Mrs. Mercator, tun doch auch alles, um die Welt zu retten. Sie versuchen ökologisch zu leben, verzichten auf Fleisch und kaufen wenig. Der Egoismus und Konsumismus muss zurückgedrängt werden. Das Ich muss abspecken.« Julian wurde lauter. »Das Wir ist wichtig. In der amerikanischen Unabhängigkeitserklärung war das Streben nach Glück festgehalten worden. Doch Glück kann es nur geben, wenn WIR gemeinsam UNSER Überleben sichern. *Brain* hilft uns dabei. WIR sind *Brain*. Optimierung heißt, dass wir nicht zu dick und nicht zu dünn sind, dass wir Wissen erlangen und gemeinsam zu denken lernen. Und unsere Impulse kontrollieren. Der Mensch hat den Hammer erfunden, weil seine Hand nicht stark genug war. Der Mensch hat das Fernglas erfunden, weil seine Augen nicht weit genug sehen konnten. Der Mensch hat die Schrift erfunden, weil er sich nicht alles merken kann. Und jetzt haben wir die KI, wir haben *Brain*, die alles weiß, wie wir alles wissen. Wir sind *Brain*.«

Für eine Sekunde war es still im Raum. Was Julian gesagt hatte, hatte Mrs. Mercator jedes Argument aus der Hand geschlagen. »Wer nicht WIR sein möchte, der muss gehen. Wir machen hier das Thema Ökologie, reden über die Verschmutzung von Flüssen und die Veränderung des Klimas. Sie denken doch genau wie wir, Sie wollen nur nicht wahrhaben, dass Sie nur ein Teil sind, ein Teil, der sich unterzuordnen hat, damit WIR gemeinsam die Welt besser machen. Eine neue Phase in der Geschichte ist angebrochen. Bis jetzt haben wir den Egoismus gepflegt, das Individuum war heilig. Aber das ist jetzt vorbei.« Er machte eine Pause.

Kim war beeindruckt von dem, was Julian sagte. Sie sah zwischen den Köpfen der anderen hindurch sein Gesicht. Glaubte er wirklich, was er sagte?

»Der Mensch kann endlich frei wählen«, fuhr er fort. »Und WIR entscheiden uns für die Erde. *Brain* weiß, wie viele Bäume wir brauchen. *Brain* weiß, wie viele Menschen die Erde erträgt. Und *Brain* sind wir. Wer nicht WIR sein will, der muss gehen!«

»So wie Jojoe?« Kim war aufgestanden und redete

über die Köpfe ihrer Mitschüler hinweg. Sie schmetterte Julian die Worte entgegen. Alles, was er sagte, war logisch, aber sie wollte nicht messbar sein, nicht logisch sein, sie wollte frei sein.

»Er ist gestolpert!«, sagte Julian. »Das war Pech. Wir müssen niemanden stoßen.«

»Warum hast du dann gesagt, dass du ihn gestoßen hast?«

»Das behauptest du. Aber ich nehme es dir nicht übel. Du solltest jetzt allerdings zu uns stehen. Alleine rettet keiner die Welt, nur gemeinsam kann das gelingen. WIR sind Brain und WIR sind die einzige Rettung.«

»Und warum sind dann die *Unknown* Terroristen?«

»Weil wir alle Daten brauchen – auch die der *Unknown*.«

Kim schaute Hilfe suchend zu Mrs. Mercator, die sie freundlich anlächelte. »Ich finde, Julian hat recht«, sagte die Lehrerin. »Wir haben zu lange auf Individualismus gesetzt. Wir brauchen das WIR, von dem Julian spricht.«

Kim wusste jetzt, warum so viele gekommen waren. Sie wollten sie überzeugen, ganz einfach.

»Und?«, sagte Henriette. »Was denkst du, Kim?«

Sie sagte leise: »Julian hat recht.«

»Na endlich!«, sagte Julian laut. »Du siehst es ein!«

Kim war entsetzt. Sie hatte doch gerade nur leise

zu Henriette gesprochen. Julian musste über Henriette jedes ihrer Worte mitgehört haben. Er schien tatsächlich durch Henriettes Ohren zu hören, sah vermutlich auch durch ihre Augen.

»Was ist denn mit deinem Levin?«, rief Julian. »Wer nicht mit uns ist, der ist gegen uns.«

»Er will sich auch chippen lassen!«, log Kim laut.

»Ganz sicher. Jeder wird einsehen, wie wichtig es für uns alle ist.«

Die anderen klopften auf die Tische und waren ganz auf ihrer Seite.

»Wir Lehrer haben uns auch längst dafür entschieden. In den nächsten Tagen, das darf ich euch heute schon sagen, werden wir alle freigeschaltet. Das heißt, ihr könnt dann auch auf unser Bewusstsein zugreifen, nicht nur auf das eurer Mitschüler«, erklärte Mrs. Mercator, die Kim offenkundig getäuscht hatte. »Warum sollten wir euch unser Wissen vorenthalten? Jeder kann sich doch frei für den anderen entscheiden, mit ihm alles teilen. Wir müssen gemeinsam Entscheidungen treffen, gemeinsam, nicht mehr einsam! Ich habe nichts zu verbergen. Und ihr sicherlich auch nicht.«

»Gemeinsam und nicht einsam!«, sagte Julian lautstark und erhob sich. »Gemeinsam und nicht einsam!«, wiederholte Henriette und stand ebenfalls auf. Schließlich standen alle und sie skandierten: »Gemeinsam und nicht einsam!«

Nur Kim saß noch.

Henriette zog sie am Ellbogen hoch. »Los, komm!«

Schließlich gab sie nach. Sie stand auf und fühlte sich schlecht, so schlecht wie noch nie in ihrem Leben.

»Gemeinsam und nicht einsam!«, skandierte sie mit den anderen – sie war so einsam wie noch nie zuvor.

Nach dem Unterricht gesellte sich Julian zu Kim und nahm sie in den Arm. Ein kalter Schauer lief ihr über den Rücken, aber sie ließ sich nichts anmerken. Wenn alle Geisterfahrer sind, dann bist du auf einer gefährlichen Reise, selbst wenn deine Richtung stimmt. Das wurde ihr gerade klar. Sie hatte Angst, brennende Angst vor dieser vernetzten Menge.

»Komm mit«, sagte Julian.

Ihre Hand schwitzte in seiner, ihr Herz fror in seiner Nähe.

»Du musst keine Angst haben. Du bekommst als eine der Ersten den neuen Chip. Schließlich ist dein Großvater der leitende Ingenieur des Projekts *Brain-ChipPlus* gewesen.«

»Woher weißt du das?«

»Mrs. Smith hat es gepostet. Jeder weiß es. Ich bin stolz auf dich. Ich wusste gar nicht, aus welch prominenter Familie du stammst.«

Kim nahm ihre Umgebung kaum noch wahr. Sie merkte zwar, dass Julian ihre Hand hielt, aber wo wollte er hin mit ihr?

»Wohin gehen wir?«, fragte sie.

»Zu Levin. Er ist im Physiksaal. Ich habe gehört, dass er sich weigert, mit uns zusammen zu sein. Sein Lehrer hat es soeben mitgeteilt. Es gab wohl Streit. Er will nicht einmal seinen Platz im Galileo verlassen, damit an seiner statt jemand auf unserer Schule lernen darf. Levin will uns schaden, so wie Jojoe. Solche Menschen sind keine guten Menschen. Sie schaden der Menschheit.«

»Was macht ihr mit ihm?«

»Du sollst ihn zur Vernunft bringen. Schließlich ist er in dich verliebt.«

»Ist dir das egal?«

»Es gibt wichtigere Dinge, Kim. Bist du eigentlich mit Levin heute Nacht bei Jojoe eingestiegen?«

»Nein.«

»Wenn du den Chip hast, wird dir das Lügen schwerer fallen, Kim.«

»Ich lüge nicht.«

»Das ist gut.« Julian hob den Daumen und grinste wie Joker. »Ich finde es gut, dass du so gut lügen kannst.« Er war zynisch, gefühllos, mitleidlos. Er lachte, seine scharfen weißen Zähne waren makellos. »Du wirst deine Begabung gleich nutzen, um Levin zu überzeugen. Lügen ist eine gute Waffe.«

Er drückte dabei ihre Hand so fest, dass Kim leicht aufschrie. »Wenn dir etwas an ihm liegt, dann solltest du dich ins Zeug legen, sonst muss Levin die Treppe nehmen. Und lüg mich nie wieder an. Hörst du?«

»Du lügst doch auch.«

»Wenn es der Sache dient.«

»Welcher Sache?«

»Der richtigen.«

Draußen angelangt, gingen sie am Naturwissenschaftstrakt entlang. Doch bevor sie eintraten, blieb Julian stehen und schaute Kim tief in die Augen. »Keine hat solche Katzenaugen wie du. Komm her, Kim.«

Sie wollte nicht. Aber er zog sie näher, legte ihr Haar zur Seite und griff sie im Nacken.

»Was willst du? Hör auf! Du machst mir Angst!«

»Ich errege dich«, behauptete er. »Ich denke, dass wir wieder zusammen sein sollten. Oder hast du etwas dagegen? Jeder Topf braucht einen Deckel, so sagen wir in Tirol. Jeder Deckel einen Topf.« Er zog ihren Kopf noch näher zu seinem Gesicht. Auge in Auge berührten sich ihre Nasenspitzen. Julian wirkte nicht wie jemand, der liebt, sondern wie jemand, der die Macht ergreift – kalt und kalkuliert. Kim fror trotz der Hitze des Tages. Sie presste ihre Hände flach gegen seine Brust, um von ihm loszukommen.

»Ich werde dich jetzt küssen«, sagte er.

Gerade als er seine Drohung wahr machen wollte, ließ er plötzlich von ihr ab. Denn Mira kam durch die Glastür aus dem Naturwissenschaftstrakt. Sie war ein zierliches Mädchen, trug Stirnband und wollte mit gesenktem Blick an ihnen vorbeigehen. Sie war verängstigt.

»Bleib stehen«, befahl Julian. »Was muss ich da hören?« Er hatte ihr den Weg versperrt und redete im Ton eines Oberlehrers. »Du verlässt uns?« Er griff ihren Oberarm und drückte fest zu. »Ich sage, du sollst hierbleiben, Mira. Hörst du schlecht?«

»Lass sie! Sie hat Angst«, sagte Kim.

»Wären ihre Eltern anders, dann hätte sie eine Chance bei uns – so wie du, Kim.«

Das Mädchen war wie paralysiert. Sie trug einen tief ins Gesicht hängenden Pony, ihre Augen verschwanden fast dahinter.

Julian blaffte: »Deine Eltern sind gegen den Chip.« Er zog an dem Band des Mädchens und ließ es flitschen.

»Aua! Lass mich los, bitte«, jammerte Mira.

»Du bist echt frech für eine aus der Sieben«, entgegnete Julian.

Mira versuchte, sich aus seinem Griff zu winden. Da ließ er los und schubste sie brutal gegen die Glastür. Sie knallte mit dem Ellbogen dagegen, schrie kurz auf, konnte sich aber noch auf den Beinen halten. Julian schubste sie erneut. Sie fiel, was ihm ein Lächeln auf die Lippen zauberte.

»Hör auf!«, sagte Kim. »Macht dir das etwa Spaß!?«

Julian reagierte nicht auf Kim. Als Mira aufstehen wollte, versetzte er ihr einen Tritt, sodass sie auf den aufgeweichten Boden fiel. Die Sonne stach ihr ins Gesicht und die Wassersprenger machten sie nass.

»Bleib liegen!«, befahl Julian.

»Du spinnst«, schrie Kim.

Da kam schon Fabian.

»Na endlich«, sagte Julian. Offenkundig hatte er ihn innerlich gerufen. Die beiden Jungen redeten nicht miteinander, aber es schien, als würden sie genau wissen, was der andere wollte und dachte.

»Er bleibt bei ihr«, sagte Julian. »Du kannst ganz beruhigt sein, Kim. Sie ist in guten Händen.«

Kim mochte sich nicht vorstellen, was Fabian nun mit dem Mädchen tun würde. Mira lag im Dreck.

»Wir müssen zu Levin. Du solltest ihn zur Vernunft bringen«, sagte Julian. »Er könnte so gut für unsere Sache sein. Ein starkes Glied in der Kette könnte er werden. Levin ist ein Genie. Wir brauchen ihn. Und er uns.«

»So ein Schwachsinn!« Wut schäumte in Kim, blanke Wut, die zu Hass aufkochte.

»Es geht hier nicht um den Einzelnen, es geht um das Galileo und um uns alle. Du und ich sind ein Paar.«

Statt wie geplant nun durch die Glastür den Naturwissenschaftstrakt zu betreten, sagte Julian: »Ich habe gerade erfahren, dass Levin im Jungentrakt ist.«

»Woher weißt du das?«

»Freunde haben ihn aufgestöbert.«

Tatsächlich war Levin in seinem Zimmer. Aber er war nicht allein: Zwei breitschultrige Jungen aus der Zehn, jeder größer als Levin, saßen rechts und links neben ihm auf dem Bett. Sie hatten ihn zwischen sich genommen, Schulter an Schulter, er saß da wie ein Stück Holz, vom Schreiner eingespannt, um es zu bearbeiten.

»Was macht ihr mit ihm?«, wollte Kim wissen.

»Hättest du den Chip, dann wüsstest du es längst«, erklärte Julian. »Ohne den Chip wirst du immer einen Schritt zurück sein. Aber ich sage dir gerne, was passiert ist: Die beiden haben ihn dabei überrascht, wie er die Medien von Jojoe wieder wegpacken wollte. Er hatte sie unter dem Waschbecken versteckt.«

»Sei vernünftig, Levin«, sagte Kim. »Sag ihnen, dass du mit uns mitmachst. Jojoe hat dich auf den falschen Weg gebracht – genau wie mich. Wir haben eine Dummheit gemacht, aber jetzt ist alles vorbei.«

Levin schwieg.

Kim spielte die Bekehrte. Sie spielte, so gut sie konnte.

»Also, Levin. Du hörst, was Kim sagt. Was ist deine Meinung? Bist du für oder gegen uns? Noch ist Zeit. Noch ist nichts passiert.«

Levin schwieg weiter.

»Na gut, dann steh jetzt auf! Wir werden zu Mrs. Smith gehen, sie hat einen Termin für dich. Übermorgen wirst auch du in der Klinik gechippt, genau wie Kim. Dann ist alles vergeben und vergessen.«

»Und wo?«, fragte Levin.

»Franziskus-Hospital.«

»Kann ich meine Mütze wiederhaben?«

»Kein Problem.« Der Schüler aus der Zehn ließ die Kappe vor seine Füße fallen und trat darauf.

»Was soll der Mist? Ist dir das Hirn ins Klo gefallen?«, fauchte Julian aufbrausend. »Levin ist doch einsichtig. Stell dir vor, jemand mit seinen Fähigkeiten optimiert sich weiter. Wir brauchen solche Menschen.«

Die drei verließen das Zimmer, aber die Kappe hatte Levin nicht wiederbekommen. Der Kerl hatte seinen Fuß nicht mehr von ihr genommen.

Kim lief zwischen Levin und Julian. Vor ihnen gingen die beiden Zehner. Kim erinnerten sie an breitbeinig dahinschreitende Footballspieler. Draußen peilten sie zielstrebig den Bürotrakt an.

Kim wollte nur eins: weg!

Da ergriff Levin ihre Hand, riss sie mit sich zur

Seite und rannte mit ihr Richtung Schultor. Julian war sogleich bei ihnen und wollte Levin niederreißen, doch Kim schubste ihn geistesgegenwärtig um, und Julian fiel der Länge nach auf den Boden. Im Nu war er komplett mit Schlamm überzogen. Die beiden Footballspieler hatten eine Sekunde zu spät reagiert, da sie vorne gegangen waren. Aber jetzt waren sie Kim und Levin auf den Fersen. Die Tür neben der Zufahrt zum Galileo war eine Drehtür.

»Holt sie!«, rief Julian und rappelte sich wieder auf. Er hatte sich an einem herausstechenden Rasensprenger das Knie aufgerissen und fluchte. Neben der Drehtür erschien Security, woraufhin Kim und Levin abbogen und zum Naturwissenschaftstrakt hinüberrannten. Dort warfen sie die gläserne Flügeltür hinter sich zu und hielten sie fest. Denn schon zogen die beiden Zehner daran.

»Die sind stärker«, sagte Kim. »Wir brauchen einen Stock.«

Levin schaute erstaunt zu ihr herüber. Die Frage, wo er hier und jetzt einen Stock herholen sollte, stand ihm ins Gesicht geschrieben. »Halt sie auf!«, befahl Kim und ließ die Tür los.

Levin versuchte es. Er kämpfte um sein Leben und ließ nicht nach. Vermutlich hätte er jetzt beim Seilziehen eine Gruppe Elefanten über den Tisch gezogen. Kim rannte derweil zur Sitzgruppe, warf einen Stuhl um und trat kraftvoll auf eines der Stuhlbeine, bis es abbrach. Gerade als Levin den Widerstand an der Tür aufgeben musste, steckte sie das Stuhlbein durch die Türgriffe der beiden Flügeltüren und verriegelte damit den Eingang. Die beiden Jungen fluchten und hämmerten gegen das Glas.

Hinter Kim und Levin tauchten zwei Mädchen auf.

»Geht weg!«, schrie Levin. »Aus dem Weg!«

Aber die Mädchen dachten gar nicht daran. Da zauderte Levin nicht lange und rammte eines der Mädchen, dass es zur Seite fiel. Kim und Levin stürzten durch die erstbeste Tür und waren jetzt in einem der Physiksäle, während draußen die beiden Mädchen das Stuhlbein aus der Flügeltür zogen.

Der Physiksaal war wie ein Theatersaal angelegt: vorne das Lehrerpult mit Waschbecken und Experimentierfeld und dahinter die Bänke der Schüler, getreppt verliefen sie nach oben. Levin drückte die schwere Tür hinter sich zu und legte den Hebel um. »Jetzt haben wir erst einmal Ruhe. Die Tür ist feuerfest.«

»Wo sollen wir hin?«, fragte Kim.

»Weiß nicht. Aber dafür weiß ich inzwischen, was Jojoe gegen *BrainVision* in der Hand gehabt hat. Der Code in der Mütze war ganz einfach mit einer von Jojoes Apps zu knacken. So was wie ein QR-Code war das. Mit dem bin ich in die Datei gekommen.«

»Und …?«

Von draußen hämmerten Schüler an die Brand-
schutztür.

»Fakt ist: Im Galileo 1 in Kalifornien haben sich
zwei Schüler das Leben genommen. Der Grund waren wohl Komplikationen mit dem ersten Update.
Einige Schüler waren depressiv geworden. Den Tod
der beiden Jungen hat *BrainVision* zu vertuschen
versucht, aber Jojoe haben sie nicht täuschen können. Er hatte Zugriff auf sämtliche Daten von *Brain-
Vision* und *Brain*.«

»Wo ist das Material jetzt?«

»In der Cloud, zu der mich der Code in der Mütze
gelinkt hat. Ich vermute, dass Jojoe deshalb sterben
musste. *BrainVision* hatte Angst, er könnte das Material veröffentlichen. Es wäre eine Katastrophe für
die Firma geworden.«

»Und warum hat Julian ihn ermordet?«

»Weil *Brain* es wollte. *Brain* hat ihn gesteuert. Julian hatte als einer der Ersten den Chip. *Brain* hat bis
jetzt völlige Kontrolle über ihn.«

»Eben hat Julian gesagt, dass *Brain* uns helfen
wird, damit wir endlich vernünftig leben, damit wir
gemeinsam die Welt retten können.«

»Das hat er gesagt?«

»Ich glaube, er meint es wirklich ernst.«

»*Brain* spricht aus ihm. *Brain* braucht ihn und
jeden anderen. Die ganze Geschichte von der Ret-

tung der Welt gaukeln sie uns nur vor. Jon Hummer hat sein Risikokapital von *VentureCapitalCalifornia*. Die haben sich auch an den Elektroautos beteiligt, mit Batterien Milliarden verdient und eine Airline subventioniert. Sie haben Kameras in die Autos gebaut, Sensoren in die Sitze, ins Lenkrad und in jedes Detail, sie haben alles vernetzt, jede U-Bahn und jeden Bus, und so getan, als würden sie für mehr Sicherheit sorgen. Du weißt, wie viel Energie die KI braucht, wie viel Strom die ganze Vernetzung? Hummer denkt nicht ökologisch, er denkt ökonomisch. Ökologie geht nur mit Verzicht, nicht mit dem totalen Konsumismus und kompletter Vernetzung. Das wussten damals schon die *Fridays for Future*-Leute. Hummer will nur Kontrolle. *BrainVision* vertuscht gerade den Mord an Jojoe und hat die beiden Selbstmorde der Jungen im Galileo 1 auch vertuscht.«

»Dann müssen wir das alles veröffentlichen!«, sagte Kim entschieden.

»Wie denn? Sie haben die Mütze mit dem Code. Ohne den kann ich nichts beweisen. Gar nichts.«

»Okay. Wir müssen erst einmal hier raus«, sagte Kim.

Levin ließ die Jalousien herunter, denn von außen versuchten Schüler einzudringen.

»Der Tunnel für die Abluft«, sagte Levin. Er deutete auf den Eingang zum Schacht hinten im Saal.

»Ich weiß nicht, wohin der Luftschacht führt. Aber einen Versuch ist es wert.«

Er kletterte auf den Tisch in der letzten Reihe und riss das Gitter zum Luftschacht mit voller Wucht aus der Wand.

»Komm, Kim. Ich helfe dir hoch.«

Auf dem Tisch stehend, machte er Räuberleiter und sie kletterte hinauf. Die letzten Zentimeter drückte er sie hoch, bis sie festen Halt im Schacht hatte und sich selbst hineinziehen konnte. Allerdings war es eng. Um sie herum war Metall. Sie zog ihr Handy und leuchtete in den Schacht. Spinnen und Netze – direkt vor ihrem Gesicht!

»Bah!«, schrie sie.

»Was ist?!«

»Schon okay.« Kim schluckte.

»Gut«, sagte Levin. »Ich hol nur einen Stuhl, sonst schaffe ich es nicht in den Schacht.«

Kim wollte nicht vorankriechen. Diese Spinnennetze und ihre dünnbeinigen Besitzerinnen waren ihr unheimlich. Mit jedem Blick entdeckte sie neue und dazuhin noch Fliegen und Käfer, die in den Fäden verendet waren. Kim hing fest in diesem Gang, zurück konnte sie nicht und vorwärts wollte sie nicht. Hinter ihr kratzte und schepperte es.

»Ich komme jetzt hoch!«, rief Levin.

Er versuchte, sich an ihren Fußknöcheln hochzuziehen.

»Kriech nach vorn. Ich brauche Platz.«

»Ich kann nicht!«, rief sie. »Ich …« Dann fasste sie sich ein Herz und durchschlug mit dem Handy das Netz vor sich und robbte voran. Die Spinnen stoben aufgescheucht herum.

»Los, weiter!«, rief Levin.

Sie robbte auf den Unterarmen und Knien wie ein Soldat bei der Militärübung. Levin folgte ihr weiter und weiter hinein in diesen endlosen Tunnel aus Blech und Insekten.

Bald schon hörten sie eine Scheibe splittern. Ein lauter Schlag folgte und dann waren Stimmen zu hören, aufgeregte Stimmen. Die Geräusche kamen von hinten. Vermutlich waren die Schüler durch das Fenster eingedrungen und hatten begriffen, dass Levin und Kim durch den Luftschacht zu fliehen versuchten. Kim robbte, so schnell sie konnte. Der Schacht verlief jetzt in einem Bogen.

Jemand rief: »Halt! Es passiert euch nichts. Wartet!«

Es ging um eine Ecke, um noch eine Ecke und weiter. Eine Abzweigung. Um sie herum das Metall und ihr eigener Atem, die Angst und die Netze der Spinnen, die an ihren Haaren klebten.

Die Stimme hinter ihnen kam näher.

Die nächste Abzweigung.

»Stopp«, sagte Levin.

Kim schaute sich um. Levin gab ihr zu verstehen, dass er eine falsche Fährte legen werde. »Ich werfe meinen Schuh in die andere Richtung, damit er falsch abbiegt«, flüsterte er.

Ob der Verfolger auf das billige Ablenkungsmanöver hereinfallen würde?

Sie robbten einige Meter weiter bis zur nächsten Abzweigung. Dann verharrten sie und lauschten. Tatsächlich schien ihr Verfolger falsch abgebogen zu sein, denn seine Rufe und die hallenden Geräusche entfernten sich langsam.

»Weiter. Los, Kim!«

»Bald muss der Schacht doch ein Ende haben«, stöhnte sie. Es gab im Naturwissenschaftstrakt zwei Physiksäle und einen für Chemie. Die Räume waren alle durch die Abluftkanäle miteinander verbunden.

Endlich sah Kim Licht, und schließlich kamen sie an das Gitter, das sie von der ersehnten Außenwelt trennte. Wie ein Verbrecher schaute Kim in den blauen Himmel. Aber unten warteten Mitschüler. Sie schienen Wache zu stehen.

Verdammt!

»Hier können wir nicht raus. Sie sind schon da!«

Es war wie in einem dieser Zombiefilme, in dem die Zombies überall lauern und man mächtig in Gefahr gerät.

Levin kroch also wie ein dunkler Käfer rückwärts und Kim folgte ihm ebenfalls im Rückwärtsgang bis zur nächsten Abzweigung.

»Wir brauchen einen Abluftkanal, der in einen der anderen Säle führt«, sagte sie.

Doch wie sollten sie in diesem Labyrinth nur die richtige Abzweigung finden?

Da hörten sie wieder die Stimme ihres Verfolgers.

»Das ist Fabian«, sagte Kim und schon tauchte er vor ihr aus einem Seitengang auf.

»Da seid ihr ja!«, sagte er und schrie laut rücklings: »Hier sind sie!«

Er robbte ihr entgegen, was ihm schwerfiel, denn er war zu breit gebaut für den Schacht. Jetzt hallten noch mehr Stimmen durch die Gänge. Vermutlich waren mittlerweile mehrere Verfolger in den Schächten unterwegs. Fabian kam langsam näher.

Was sollte sie tun?

»Hier sind sie!«, wiederholte Fabian laut. »Hiiiiier!« Und zu Kim sagte er: »Gib auf. Ihr habt keine Chance. Die anderen kommen.«

»Sieht mich Mrs. Smith durch deine Augen?«

Fabian nickte und fügte hinzu: »Und sie hört alles.«

Kim war mit ihrem Gesicht nah an seinem, als sie jetzt fragte: »Was wollen Sie von mir, Mrs. Smith?«

»Sei vernünftig«, sagte Fabian. Aus ihm sprach Mrs. Smith.

Kim fürchtete sich. Sie musste weg hier. »Umdrehen!«, rief sie nach hinten zu Levin. »Wir müssen weg. Schnell!« Sie versuchte sich zu drehen.

»Hör auf!«, sagte Fabian. »Es ist sinnlos!«

Kim verbog sich, zog die Beine an, bog ihren Rücken, so stark sie nur konnte, aber Fabian griff nach ihr. »Versuch ja nicht abzuhauen!« Er packte sie an der Schulter und hielt sie fest, zog sie an den Haaren. »Du bleibst hier! Du elende Verräterin!«

Kim nahm all ihre Kraft zusammen, machte sich klein, spürte ihr Knie an ihrem Kinn, er bekam sie nicht richtig zu packen, schlug ihr in den Nacken, gegen die Rippen, wollte in ihre Hüfte boxen.

Fabian war brutal, aber Kim widerstand dem Schmerz und trat zu. Sie spürte einen Widerstand, dann hallte ein Schrei – und sie trat erneut. Erst dann schaute sie sich um.

Da lag Fabian hinter ihr, den Kopf auf dem Blech.

»Wir müssen hier raus«, keuchte sie zu Levin. Der war völlig perplex und krabbelte schnell rückwärts bis zu einer Abzweigung. Er kroch mit den Beinen voraus hinein und dann wieder vorwärts hinaus. Wie Käfer waren sie unterwegs, wie kleine schwarze Käfer. Sie hörten Geräusche. Die Verfolger steckten überall in den Schächten.

»Da hinten ist Licht«, sagte Levin und robbte noch schneller.

Endlich waren sie wieder an einem Gitter. Levin schaute hindurch: »Wir sind am *Little Rest*. Niemand zu sehen. Nur der Bot an der Theke.« Er drückte gegen das Gitter, krachend fiel es nach unten. Dann ließ er sich kopfüber fallen. Aus etwa einem Meter Höhe krachte er zum Erstaunen des Bots aus dem Schacht.

Levin rappelte sich schnell wieder auf und half Kim heraus.

Der Bot fragte, ob er helfen könne. Oder ob sie Hunger hätten?

Levin schrie auf, denn eine fette Spinne kroch ihm über das Hemd. Kim schlug sie beherzt weg und sie landete direkt im Gesicht des Roboters. Der war zuerst irritiert, zerquetschte die Spinne aber dann mit seinen Fingern und warf sie in den Mülleimer.

»Weiß er Bescheid?«, fragte Kim. »Ist er mit Mrs. Smith verbunden?«

Der Roboter schaute sie erstaunt an.

Konnte Mrs. Smith ihn steuern?

Doch der Bot fragte nur: »Möchtet ihr wirklich nichts essen? Oder trinken?«

»Nein«, sagte Kim und befreite sich von den Spinnweben.

Da sagte der Bot: »Aber ihr könnt ruhig bleiben. Hier findet euch keiner.«

»Woher weiß er, dass wir uns verstecken?«, sagte Levin.

»Na, super. Wir müssen weg!«, sagte Kim. »Nichts wie weg von hier!«

Da kam der Bot schon hinter seiner Theke hervor auf sie zugerollt. Die beiden liefen los, kreuz und quer an den Tischen vorbei, doch der Roboter duckte sich und rollte blitzschnell unter den Tischen hindurch. Er war schneller, viel schneller als sie. An der Tür hatte er sie erreicht und versperrte sie ihnen.

»Lass uns durch!«, befahl ihm Kim.

»Nö«, sagte der Bot.

»Wie, nö?«, fragte Levin.

»Nö, nö.«

Schritte kamen vom Flur.

Kim sagte: »Der versucht, uns mit diesem Schwachsinn aufzuhalten. Der ist clever. Wir müssen anders hier rauskommen.« Ohne zu zögern, lief sie zum Fenster und riss es auf.

Der Bot kam, wollte sie packen, aber Levin wuchtete ihm einen Tisch in die Seite, und er krachte an die Wand. Kim stieg schon hinaus, während Levin erneut den Tisch gegen den Bot krachen ließ, der ein Stück im Hüftgelenk auseinanderbrach. Er funktionierte nicht mehr. Levin eilte jetzt Kim hinterher, und als die Verfolger in den *Rest* kamen, liefen sie bereits draußen am Gebäude entlang.

Lange konnte das Versteckspiel nicht gut gehen. Sie mussten aus dem Schulgelände rauskommen. Doch am Haupttor hätten sie keine Chance gehabt, es war bewacht. Und zwar nicht von einem Küchenbot, sondern von einem menschlichen Security. Also schlichen sie zum Techniktrakt und konnten zum Glück unerkannt bleiben.

»Hierher«, sagte Levin.

Plötzlich kam Ted um die Ecke gebogen. Er musste ihnen aufgelauert haben: »Die Kätzchen sind in der Mausefalle.«

Kim überlegte fieberhaft, ob sie einfach zurücklaufen sollten. Aber da waren die anderen, sie hatten sich aufgeteilt, waren überall in den Gängen und Fluren. »Ich sehe jeden Schritt von euch«, sagte Ted voller Genugtuung. »Ich kann mich jederzeit in jede der Kameras einschalten und in jeden Schüler. Was glaubt ihr eigentlich, wie weit ihr kommt? Wir lassen es nicht zu, dass ihr alles zerstört.«

Da tat Levin etwas, das ihm Kim niemals zugetraut hätte: Er rannte wie ein wilder Stier mit gesenktem Kopf auf Ted zu, rammte ihm den Schädel gegen den Oberkörper und riss ihn zu Boden.

Ted kippte um und blieb liegen.

»Hier, nimm.« Kim sah Jojoes Kappe, die Ted aus der Hosentasche gerutscht war.

Doch als Levin sie aufheben wollte, griff Ted zu. Offenkundig war er nicht wirklich K. O. »Ihr kommt hier nicht mehr raus. Keiner wird euch glauben, wenn ihr die Kappe nicht habt. Sie ist der einzige Beweis und ihr braucht ihn.«

Woher wusste er das?

Levin stürzte sich auf ihn, wollte ihm die Kappe entreißen, doch Schüler kamen herbeigeeilt und drückten Levin zu Boden. Zwei von ihnen packten

Kim. Sie wehrte sich nicht, wozu auch? Gegen den Strom konnte sie jetzt nicht schwimmen, der Strom war zu mächtig. Aber woher wusste Ted das mit der Kappe? Diese Frage ging ihr nicht aus dem Kopf. Hatte er ihr Gespräch belauscht? Oder den Code selbst entschlüsselt? Nichts war mehr sicher, keine Information, kein Geheimnis. *Brain* war überall und in jedem.

Mrs. Smith und Dr. Walker kamen und zwei der Securitys waren ebenfalls zur Stelle. An Weglaufen war nicht mehr zu denken. Es war noch nicht einmal Mittag, und die Sonne brannte auf die sechs Menschen nieder, die sich nun im Schatten des Bürotrakts auf den Eingang zubewegten. Mrs. Smith und Dr. Walker, sie in einem weißen Überhang, der ihr bis über die Knie ging, er in seinem weißen Kittel und mit weißer Hose und hellen Schuhen.

Wo war eigentlich Julian?, fragte sich Kim. Wo waren Tuna und Henriette? Kein Schüler folgte ihnen, kein Lehrer, alle wussten offenbar Bescheid, obwohl Kim und Levin gerade eben erst geschnappt worden waren. Jeder war mit jedem verbunden, die Gedanken und Augenblicke waren schneller als jedes Wort.

Levins Hand schwitzte. Kim spürte förmlich die Angst in ihren Händen. »Ich weiß nicht, was die mit uns vorhaben«, flüsterte er.

»Der Chip ist perfekt«, sagte Kim. »Perfekt.«

Das hatte Mrs. Smith gehört. »Noch nicht ganz«, sagte sie. »Der neue Chip *BrainChipPlus* von deinem Großvater ist ein Crawler, der alle bisherigen Entwicklungen in den Schatten stellen wird.«

»Es kann nicht sein, dass Opa für Sie arbeitet. Das kann nicht sein.«

»Wie rührend«, sagte Mrs. Smith. »Du bist noch so nett naiv, Kim. Das mag ich an dir.«

»Kennen Sie meinen Großvater?«

»Nicht persönlich. Es war so wichtig für uns, dass er wieder mit an Bord ist und sich ganz der Nanotechnik widmet.«

»Und ob«, sagte Walker. »Aber wozu lange reden, Kim? Du wirst den neuen Chip als eine der Ersten bekommen.«

Während Mrs. Smith und Walker redeten, marschierten die übrigen Schüler und Lehrer wieder in die Trakte zurück.

»Sie werden dort weiter am Unterricht teilnehmen«, sagte Mrs. Smith. »Schließlich haben wir heute schon genug Zeit verloren. Wir müssen neu über Schule nachdenken, wenn jeder von jedem jederzeit lernen kann. Wer gibt neuen Input, wo kommt er her? Müssen das überhaupt die Lehrer sein? Ich weiß es nicht. Es ist spannend.«

»Exakt«, sagte Ted. »Lehrer sind nach Jack Ma, dem Gründer von Alibaba, Erwachsene, die das Wissen weiterverteilen, sie docken genauso an die

Knotenpunkte im Netz an, wie es jeder Schüler kann. Keiner muss mehr vorn stehen und so tun, als habe er das Wissen der Welt. Wir haben alle das Wissen der Welt – dank des Chips.«

Der Chip. Kim fragte sich, was eigentlich aus dem Mädchen geworden war, das Fabian bewacht hatte. Die Siebtklässlerin ohne Chip.

Auf dem Flur kamen ihnen zwei Lehrer entgegen und grüßten freundlich. »Na, kehren die beiden Vögelchen wieder ins Nest zurück?«

Mrs. Smith nickte freundlich, ihr Lächeln war falsch, so falsch wie jenes der Lehrer, das sie jetzt Kim zuteilwerden ließen. An einem Lächeln sind zig Muskeln beteiligt. Das Lächeln gehört zu den Emotionen, die Menschen nur selten perfekt vortäuschen können. Zu Dr. Walker sagte Mrs. Smith: »Ich überlasse den Rest Ihnen. Sie wissen, was zu tun ist.«

Er nickte.

Was war jetzt wohl zu tun? Kim hatte keine Ahnung.

An seiner Praxis angelangt, schickte Walker auch die beiden Securitys weg. »Ich brauche Sie nicht mehr. Ich komme gut mit Levin und Kim alleine zurecht. Stimmt's?«

Kim und Levin waren baff über die Frage, sie reagierten nicht. Es war einfach absurd. Sie betraten hinter Dr. Walker die Praxis, wo die Sprechstundenhilfe sie freundlich begrüßte. Die Frau trug das brünette Haar immer hochgesteckt. Fast schien es Kim wie eine Mütze. Überhaupt schien an der Sprechstundenhilfe alles künstlich. Die Fingernägel, die Wimpern … Ob sie ein Bot war?

»Brauchen Sie mich noch?«, fragte sie jetzt. »Ich würde gerne jetzt meine Frühstückspause machen.«

Nein, ein Bot würde so etwas nicht fragen.

»Tun Sie das«, sagte Walker. »Aber geben Sie uns doch bitte noch drei Gläser Wasser. Es ist heiß und wir sind ganz schön gerannt. Stimmt's?«

Kim und Levin nickten.

Wieder saß Kim mit dem Arzt in der Sitzgruppe. Nur war diesmal Levin mit dabei.

»Ich will gar nicht wissen, was ihr denkt«, sagte Walker. »Ihr habt eure Gründe für euer Verhalten. Doch schaut euch das mal an.«

Er zeigte ihnen auf dem Screen des Tisches Szenen ihrer Flucht.

»*Brain* hat den Film gerade zusammengestellt. Ihr seht, wie sinnlos euer Vorhaben war. Die Welt braucht euch nicht. Ihr braucht die Welt. Ihr seid wie zwei Verrückte über den gesamten Campus gehetzt und habt euch sogar im Luftschacht versteckt. Wozu? Was wollt ihr eigentlich? Keiner im Galileo will euch etwas Böses. Ihr könnt auch gerne die Schule verlassen. Niemand wird euch hier festhalten. Ihr solltet es nur nicht in dieser Form tun.«

Sie schauten weiter den Zusammenschnitt.

»Du schlägst hier einfach jemanden nieder, Levin. Und du, Kim, hast Fabian ins Gesicht getreten. Wir konnten es alle durch seine Augen miterleben. Wir haben alle seinen Schmerz gespürt. Du hast uns alle verletzt. Findest du das gut?«

»Ich …«

»Siehst du. Es gibt keine Entschuldigung dafür. Ich hoffe, ihr beide habt ein schlechtes Gewissen.«

Die Assistentin betrat den Raum mit einem Tablett, auf dem eine Karaffe mit Wasser und drei Gläser standen. Sie goss allen etwas ein.

»Trinkt erst einmal«, sagte Walker. »So eine Flucht macht durstig.«

Kim wusste nicht, ob er das ernst meinte. Es klang extrem zynisch.

Sie und Levin kippten das Wasser schnell hinunter. Und baten um mehr. Walker schüttete nach. Dann sagte er: »Ich gehe davon aus, dass ihr beide die Schule verlassen möchtet?«

War die Frage ernst gemeint? Oder ein Test? Was wollte Walker von ihnen? Kim stellte ihr Glas ab und wunderte sich, dass Walker nichts trank.

»Also, was ist? Wollt ihr weiter am Galileo bleiben? Oder sollen wir eure Eltern anrufen, damit sie euch abholen kommen?«

Kim stellte das Glas ab. »Ich will nach Hause zu meiner Mutter.«

»Ich auch«, erklärte Levin. »So schnell wie möglich wollen wir hier weg. Das haben Sie doch eben gesehen.«

»Dann solltet ihr schon mal eure Koffer packen. Es warten schließlich viele auf euren Platz.«

Wusste Walker etwa nicht, dass sie über die Vorfälle im Galileo 1 in Kalifornien Bescheid wussten? Oder hatte er keine Angst, dass sie damit an die Öffentlichkeit gehen würden?

Walker schien es zu ahnen, denn er sagte: »Niemand wird euch glauben. *BrainVision* ist zu wichtig. Ihr seid zwei Jugendliche. Jugendliche spielen manchmal verrückt. Ihr Frontallappen ist noch sehr kurz und das Hirn wird in der Pubertät neu sortiert. Das weiß jeder. Ich rate euch, in die Spur zurückzukommen. Ihr schadet euch sonst nur selbst. Die ganze Welt wird bald den *BrainChipPlus* tragen. Also guckt nicht so schlecht gelaunt drein. Ihr solltet nicht an Rache oder solche Dinge denken.«

Er nahm jetzt Levin ins Visier. Der schwieg. Kim drückte seine Hand fester. Er war ihr Freund. Vermutlich explodierte er innerlich, aber er schwieg, nur seine Hand zitterte leicht.

»Ein chinesisches Sprichwort sagt«, fuhr Walker fort, »›wer sich rächen möchte, sollte gleich zwei Gräber schaufeln, auch eines für sich selbst.‹ Menschen glauben, was sie glauben wollen. Deine Mutter hat sich den Chip auch injizieren lassen, Kim.

Sie ist auf unserer Seite.« Er schaute sie freundlich an und strich sich dabei durch den Bart. »Ja, deine Mutter. Sie wollte dich überraschen.«

»Sie lügen!«, platzte es aus Kim hervor. »Sie …!«

»Ich verlasse mich eher auf Fakten. Ich bitte dich übrigens, dass du ihr nichts davon erzählst, dass du es schon weißt. Ich möchte ihr nicht die Überraschung nehmen. Es ist so ein schönes Gefühl, andere zu überraschen. Das setzt Glückshormone im Körper frei.«

Levin hielt es nicht mehr auf dem Stuhl: »Ich werde alles erzählen, alles. Sie werden im Gefängnis landen!«, schrie er. Vor lauter Aufregung stieß er an den Tisch, die Karaffe fiel um, und das restliche Wasser lief heraus.

Kim sah das alles, und sie hörte Levin auch reden, aber sie konnte sich nicht bewegen. Und da war diese tiefe Müdigkeit, so, als hätte sie *Celtic Night* genommen. Sie schaute hinüber zu Dr. Walker. Der hatte die Hände in den Schoß gelegt, als hätte er ein Buch zugeklappt. Was war mit Levin? Er kippte gerade zurück in den Sessel. Das war ihr letzter Gedanke, dann schloss sie die Augen, es wurde schwarz um sie.

FREITAG, 18. MAI 2032

»Steh auf, Kim. Wir fahren nach Hause.«

Kim hatte Kopfschmerzen, obwohl sie kein Stirnband trug. Sie lag in ihrem Bett.

»Mama?« Nur langsam kam sie zu sich. Es war *Celtic Night* gewesen, Dr. Walker musste Kim das Schlafmittel ins Wasser getan haben. Nein. Es war nicht Dr. Walker gewesen, es war diese falsche Sprechstundenhilfe. Walker hatte nichts getrunken.

Gar nichts. Sie schaute sich um. Nur ihre Mutter war da, sie saß auf der Bettkante und streichelte ihr über den Kopf.

»Kim, Kim, Kim«, sagte sie ruhig.

»Wo ist Levin?«

»Nicht hier.«

Kim wurde panisch. Sie tastete neben sich die Matratze ab. Aber da waren keine Scherben mehr. Wo war der Skarabäus?

»Was machst du hier, Mama?«

»Ich soll dich abholen.«

»Warum?«

»Weil du einen Jungen gestoßen hast. Er ist gefallen.«

»Ich habe ihn nicht gestoßen, das war Julian.«

»Nein, der Junge heißt wohl Fabian. Jedenfalls ist er im Gesicht verletzt. Du hast ihm ins Gesicht getreten. Wie konntest du nur? Du musst dich bei ihm entschuldigen. Vielleicht zieht er ja dann die Anzeige zurück.«

Kim setzte sich aufrecht. Ihr Kopf war schwer.

»Du hast dich wirklich verändert, Kim. Was ist eigentlich mit deinen Haaren passiert?«

Kim griff sich ins Haar. Jemand hatte es abgeschnitten. Es war nur noch nackenlang. »Was ist mit meinem Haar?«

»Das frage ich *dich*. Mrs. Smith sagt, dass du von der Schule verwiesen wirst.«

Kim schaute auf die Schläfe ihrer Mutter. Warum? Was sollte dort zu sehen sein? Ein Einstich?

»Ich muss mich duschen, Mama. Ich bin noch ganz …« Sie lag mit Jeans und Oberteil im Bett. Wie spät war es? War überhaupt noch der gleiche Tag?

»Sie haben dir ein Beruhigungsmittel gegeben. Du bist in keinem guten Zustand, sagte mir Mrs. Smith. Die Sache mit diesem Levin …«

»Was ist mit ihm?«

»Er erzählt irgendwelche Geschichten, behauptet komische Dinge. Seine Eltern haben ihn abgeholt.«

»Mrs. Smith lügt. Egal, was sie sagt, sie lügt.«

»Ja, sie hat mir gesagt, dass du das sagen würdest.«

»Hast du jetzt gerade Kontakt mit ihr?«

»Wie meinst du das?«

»Kannst du mit Mrs. Smith oder sonst wem über den Chip kommunizieren?«

»Äh, nein.«

»Aber du hast den Chip?«

»Natürlich. Woher weißt du das?«

»Ach, egal, Mama.«

»Der Chip ist perfekt. Ich kann jetzt alles tun, was ich schon immer habe tun wollen. Ich sage mir, dass ich keinen Hunger habe – dann habe ich keinen. Oder ich will mich nicht aufregen – und rege mich nicht auf. Ich kann mich selbst bestimmen, in jeder Situation. Ein gutes Gefühl.«

Kim drückte ihre Mutter. »Und du hast wirklich keinen Kontakt zu anderen?«

»Ich weiß nicht, was du da redest, Kim. Ich hab dich jedenfalls lieb. Und ich möchte, dass wir die Kuh vom Eis kriegen und du nicht von der Schule fliegst. Verstehst du mich?«

Kim nickte. »Lass mich erst einmal ins Bad, Mama.«

Auf dem Weg dorthin schaute sie in den Mülleimer. Wo war der Schaukasten mit dem Skarabäus? Irgendwer musste den Käfer weggeräumt haben.

Dann betrat sie das Bad und schaute im Spiegel sofort nach ihrem Haar. Sie hätte heulen können. Wer hatte das getan? Zumindest hatte er sie gerade abgeschnitten. Kim schaute auf ihr Handy. Keine Nachricht von Levin. Es war 18.17 Uhr. Sie hatte einen Tag und eine Nacht und noch einen halben Tag verschlafen. Vermutlich hatte Walker das Mittel nicht so genau dosieren können. Vermutlich hatte seine Assistentin nicht damit gerechnet, dass die beiden zwei Gläser Wasser tranken.

Sie schrieb Levin: »Wo bist du? Was ist los?«

Er antwortete nicht.

Sie zog sich aus und stellte sich unter die Dusche. Von draußen rief ihre Mutter: »Beeil dich, Kim! Biiitte!«

»Ich brauche frische Sachen!«

»Jeans und Top? Oder?«

»Genau!«

Kim beeilte sich und schaute erneut in den Spiegel. Sie hätte auch ins Zimmer gehen können, aber sie wollte sich ihrer Mutter nicht nackt zeigen, denn die mochte das nicht. Sie fand es unpassend für ein Mädchen in Kims Alter, nackt herumzulaufen. So nahm Kim die Klamotten durch den Türschlitz entgegen und durfte sich dabei noch mahnen lassen: »Mach ein bisschen schneller! Mrs. Smith will noch einmal mit uns reden!«

Woher wusste ihre Mutter das? Hatte sie gerade mit Mrs. Smith gechattet? Als sich Kim nun zeigte, stand ihre Mutter vor dem Schrank und hielt die Tüte *Goldbären* in der Hand.

»Na und?«, sagte Kim. »Ich brauche die manchmal.«

»Du weißt, was ich davon halte?«

»Du glaubst, dass ich schwach bin.«

Ihre Mutter zupfte sich das Kleid zurecht. »Es passt wieder perfekt.«

Kims Handy vibrierte. Levin hatte ein Foto von Jojoe geschickt. Was sollte das? Dann eine zweite Nachricht: »Wir sollten es nie vergessen. Wir brauchen Narben.«

»Was ist?«, wollte Kims Mutter wissen. »Ist das etwa dieser Levin? Lässt er dich nicht in Ruhe?

Mrs. Smith sagt, er habe schlechten Einfluss auf dich. Was hat er denn geschrieben?« Kim sagte kein Wort, aber ihre Mutter redete weiter. »Spricht er immer noch über diesen Jojoe?«

Woher wusste sie das alles?

Kim schwieg. Normalerweise hätte ihre Mutter jetzt das Handy gefordert. Aber sie tat es nicht. Sie sagte nur, dass sie gerne mit Kim gehen wolle, und wiederholte abermals, dass die Direktorin bereits warte. Jetzt wusste Kim wieder, warum ihre Mutter sie nervte.

Im Office-Trakt trafen sie Julian. Er kam gerade aus dem Lehrerzimmer.

Was hatte er dort zu suchen gehabt?

»Hallo Kim. Geht es dir wieder besser?«

»Ich bin nicht krank, auch nicht krank gewesen«, entgegnete sie.

Zu ihrer Überraschung machte er einen Schritt vor, umarmte sie und gab ihr einen Kuss auf die Wange. »Du solltest dich einfach bei Fabian entschuldigen.«

»Ich denke gar nicht daran«, sagte sie trotzig.

»Ja, ist ja gut. Bis Montag.«

»Montag?«

»Also bis dann«, sagte er und verabschiedete sich bei ihrer Mutter.

Sie gingen an Dr. Walkers Tür vorbei und Kim beteuerte: »Ich habe nichts Böses getan, Mama. Zwei Schüler auf dem Galileo 1 haben sich umgebracht. Der Chip hat sie in den Tod getrieben.« Aber ihre Mutter sagte nur: »Hm.« Es schien sie überhaupt nicht zu interessieren, was ihre Tochter da erzählte.

Mrs. Smith erwartete sie tatsächlich. Sie saß in ihrem breiten, gepolsterten weißen Drehstuhl. Hinter ihr hing gerahmt der Satz:

Nur gemeinsam kann der Mensch frei sein!

»Was wir wollen, Kim, ist die Wahrheit«, sagte die Direktorin. »Du hast Fabian im Physiksaal gestoßen und getreten.«

»Nein«, sagte Kim. »Das stimmt nicht. Wir waren in einer Luftschleuse. Levin und ich waren auf der Flucht vor Ihnen.«

»Was redest du da, Kim?« Ihre Mutter war sauer. »Wie kommst du auf so etwas?«

»Regen Sie sich bitte nicht auf, Mrs. van Zandt. Wir haben die Fakten hier.« Die Direktorin zeigte auf dem Tisch einen Film. Zu sehen war Kim, wie sie Fabian brutal stieß und ohne Zögern nach ihm trat, als er auf dem Boden lag.

»Das ist so nicht passiert«, hob Kim an. »Das …«

»… sind Fakten. Gegen Lügen helfen nur Fakten. Du kannst hier und jetzt die Wahrheit sagen, Kim. Oder bei der Lüge bleiben.«

»Ich sage die Wahrheit. Julian hat Jojoe die Treppe hinuntergestoßen. *Das* ist die Wahrheit!«

»Warum tust du solche Dinge, Kim?«, mischte sich ihre Mutter ein. Sie war wütend auf Kim, schließlich war das Video eindeutig.

»Ganz ruhig, Mrs. van Zandt. Ihre Tochter braucht ein wenig Zeit zur Reue. Ehrlichkeit und echte Reue sind die Tugenden auf dem Galileo.«

Kim schaute zu ihrer Mutter hinüber, die jetzt besorgt schien und meinte: »Also … Sag es einfach. Dann ist es alles gut.«

Kim wusste, dass sie besser mitspielen sollte. Aber eine Entschuldigung brachte sie nicht über die Lippen. Stattdessen sagte sie: »Ich will nach Hause, Mama.«

»Kim. Du bist fünfzehn Jahre alt und keine fünf. Du kannst nicht einfach vor der Wahrheit weglaufen. Du musst zu dem stehen, was du getan hast. Erinnere dich an den Satz: *Fakten schafft man nicht aus der Welt, indem man sie ignoriert.*«

»Du spinnst, Mama. Du spinnst total. Der Satz ist von Opa.«

»Nein«, schaltete sich Mrs. Smith ein. »Der Satz ist von Aldous Huxley, Schriftsteller und Autor des Buches *Brave new world*. Das solltest du lesen, Kim. Und jetzt geh mit deiner Mutter nach Hause und denk nach.«

»Sie wird zur Vernunft kommen«, versprach ihre Mutter. »Ich kümmere mich darum.«

»Mit dem Chip wäre alles leichter. Es hat ohnehin

keinen Sinn, das Galileo zu besuchen und gleichzeitig den Chip zu verweigern. Dafür gibt es keinen Grund.«

Kim schwieg.

»Viel Glück«, wünschte ihr Mrs. Smith.

Als sie schon in der offenen Tür standen, drehte sich Kim noch einmal um und fragte: »Kommt Levin am Montag zurück ins Galileo?«

»Wir haben in seinem Zimmer die gestohlenen Sachen gefunden. Was denkst du, was wir tun werden?«

»Er bekommt also einen Schulverweis.«

»Du bist ein kluges Mädchen«, sagte Mrs. Smith. »Mach etwas daraus. Wir sehen uns jedenfalls am Montag, falls du Vernunft annimmst.«

»Das wird sie«, versicherte ihre Mutter nochmals. »Auf Wiedersehen.«

Wenige Minuten später saß Kim neben ihrer Mutter im Wagen auf dem Weg nach Hause. Der Innenraum war angenehm klimatisiert, das Klima zwischen Kim und ihrer Mutter war dagegen eher unangenehm. Kim nahm sich eine Limonade aus dem eingebauten Kühlschrank, was ihre Mutter mit einem strengen Blick kommentierte. Aber Kim brauchte jetzt etwas Süßes.

»Hast du mit deinem Opa gesprochen?«, fragte ihre Mutter.

»Hab ich.«

»Ich hoffe, du hast ihm nichts von den Vorfällen auf dem Galileo erzählt.«

»Doch, habe ich.«

»Du weißt dann sicherlich auch, dass er morgen nach Berlin kommt, um bei deiner Injektion anwesend zu sein. Er arbeitet seit fast einem Jahr wieder in der Forschungsgruppe.«

»Warum hast du mir das nicht erzählt?«

»Warum sollte ich?«

»Ich will Opa nicht sehen.« Kim wollte auch nichts mehr über ihn hören.

»Er kommt heute Abend mit dem Zug – so um neun wird er bei uns sein.«

»Das mit dem Chip könnt ihr vergessen.« Sie trank den Rest der Limo und fragte sich, warum ihre Mutter überhaupt Limonade im Kühlschrank hatte. Vielleicht war es Standard des zuständigen Bots, der sich um Wagen und Haus kümmerte. Zudem hatte ihre Mutter ja bis vor Kurzem selbst gerne mal genascht.

»Erst einmal kommst du jetzt mit nach Hause. Morgen früh erhältst du den Chip und dann wirst du dich am Sonntag bei Fabian und seinen Eltern entschuldigen. Mrs. Smith hat schon einen Termin verabredet.«

»Ich denke, die wohnen in Argentinien.«

»Übers Netz natürlich.«

»Du spinnst, Mama. Ich entschuldige mich doch nicht über Zoom bei Fabian und seinen Eltern. Ich wüsste auch gar nicht, wofür ich mich bei diesem faschistischen Typen entschuldigen soll. Nichts von all dem, was du dir vorstellst, wird passieren. Fabian hat mich verfolgt. Und er hat einem Mädchen wehgetan.«

»Dir auch?«

»Nein.«

»Na, dann.«

»Er ist ein Schwein. Glaub es mir.«

»Was hat denn das Mädchen getan?«

»Sie hatte noch keinen Chip. Das war ihr einziges Vergehen.«

»Hör endlich auf mit dem Kram. Die Eltern von Fabian sind Großgrundbesitzer. Sie haben Farmen in Argentinien und Brasilien. Ich glaube nicht, dass sie ein Monster großgezogen haben.«

»Echt, sie sind reich? So richtig reich? So wie wir? Dann können es ja keine schlechten Menschen sein. Wer sein Kind aufs Galileo schicken kann, der *muss* ein guter Mensch sein. Vermutlich lassen sie da Rinder weiden, wo vorher Urwald stand.«

»Sei still, Kim! Du bist ungerecht.«

In der Klara-Schuman-Straße ließ ihr Wagen sie vor der Haustür aussteigen und parkte im Carport. Kim mochte die Pianistensiedlung nicht. Die Häuser sahen alle aus wie Kästen, wie die Gebäude im

Galileo, nur kleiner. Alles war hier weiß, der Asphalt so glatt wie Lakritze, die Gärten sauber, die Hecken geschnitten, als habe jemand mit dem Millimetermaß gearbeitet. Hier waren alle wohlhabend, Armut hatte keinen Platz. Es war alles so steril wie im Scan-Raum, fehlte nur noch der notgeile Ted, der sie durch eine der Kameras am Haus anglotzte. *Wer Sicherheit der Freiheit vorzieht, ist zu Recht ein Sklave,* hatte ihr Opa geschrieben. Und jetzt arbeitete er für die Überwacher.

Im Haus lief Kim gleich in die Küche, machte sich ein Brot und ließ Wasser in den Wasserkocher laufen. Sie wollte nicht, dass der Bot es für sie erledigte. Für eine Sekunde sollte es wie früher sein. Das Geräusch des Wasserkochers war immer das Erste gewesen, was Kim in ihrer Kindheit morgens gehört hatte, damals in Amsterdam. Alle aus ihrer Familie tranken Tee. Mama, Opa und sie. Earl Grey.

Der Bot rollte heran. Sie hatten nur einen einzigen im Haus, er kümmerte sich jedoch nicht ums Essen. Ihre Mutter aß in der Kantine der Botschaft und Kim war ja in der Schule. Falls gekocht werden musste, so kamen die Handgreifer zum Einsatz – drei Arme, die vom Hausbot an der Arbeitsplatte befestigt werden konnten. Es waren mechanische Arme, die Zwiebel schnitten und Teig anrührten, die sich ständig mit jedem Bot auf der Welt austauschten, damit jeder vom Fehler des anderen lernen konnte. Die Handgreifer waren mittlerweile besser als jeder menschliche Koch.

»Wir machen es uns heute gemütlich«, sagte ihre Mutter und legte ihre Handtasche auf die Spüle.

Will Mama lässig wirken?, fragte sich Kim. Das war vergebene Liebesmüh. Ihre Mutter hatte ein zu strenges Gesicht, trug zu strenge Kleidung – stets schwarz oder grau, immer Kostüm oder Stoffhose. Und jetzt, da sie auch noch abgenommen hatte, wirkte sie noch strenger.

Sie sagte zu Kim: »Ich koche selbst, ich mache rote Linsen, Blattspinat und Reis. Was meinst du? Hilfst du mir?«

Kim fand es gut, obwohl sie sauer auf ihre Mutter war. Das Wasser war fertig, der Teebeutel in der Tasse. Das Butterbrot in der Linken, nahm Kim das Handy hoch. Hatte Levin geschrieben?

»Leg das Handy zur Seite, bitte! Du und ich, wir sind jetzt einfach mal für ein paar Stunden alleine. Ich bin direkt von der Botschaft zum Galileo gefahren. Du hast mir wirklich einen Schrecken eingejagt«, sagte ihre Mutter über die Schulter, während sie durch den Flur ins Bad ging.

Kim schickte Levin erneut eine Nachricht. »Ich vermisse dich.«

»Wir müssen uns noch heute treffen«, schrieb er zurück.

Kim fiel ein Stein vom Herzen. Endlich Kontakt. »Wo und wann?«

»Wann ist deine Mutter im Bett?«

»Um zwölf schläft sie garantiert.«

»Dann um halb eins im Park an der Säule.«

Schon war ihre Mutter zurück. Obwohl Kim das Handy nicht mehr in der Hand hielt, verlangte sie: »Gib mir das Handy.«

»Ich hab es doch gar nicht benutzt.«

»Doch, ich hab es gesehen.«

»Und wie?«, fragte Kim. Aber da war ihr schon klar, was passiert war. Sie schaute hinüber zum Bot. Ihre Mutter hatte durch die Bot-Kamera alles gesehen, was hier in der Küche passiert war. Sie war verknüpft mit der Maschine. »Dann warst du auch verknüpft mit Mrs. Smith?«, folgerte Kim.

Ihre Mutter nickte.

»Kannst du dich mit jedem Gegenstand im Haus verknüpfen?«

Wieder nickte sie.

»Und mit jeder Kamera.«

»Aber niemals mit mir«, sagte Kim. »Ich nehme den Chip nämlich nicht.«

»Es ist doch nur zu deinem Vorteil. Vater meint, der *BrainChipPlus* sei noch um Längen besser als meiner.«

»*BrainChipPlus* ist wie ein Virus«, sagte Kim. »Er verbreitet sich sogar durch Tröpfcheninfektion.«

»Das glaube ich nicht. Dann könnte *BrainVision* kein Geld mehr damit verdienen. Sie verkaufen die Chips, sie verschenken sie nicht.«

»Sie wollen Kontrolle, Mama. Das ist der Preis, den wir zahlen. Es geht hier nicht um Geld, es geht um alles. Sie kontrollieren uns mit dem Chip.«

»Du hast zu viel 1984 gelesen. Ich weiß ja nicht, was sie euch im Galileo so beibringen. Aber darüber sind wir längst hinaus. Wir leben im Jahr 2032 und nicht mehr 1984. Es geht nicht darum, dass uns der Chip kontrolliert, sondern wir uns alle gegenseitig kontrollieren zur Verbesserung des Gemeinwohls. Wir haben sonst keine Chance mehr, als Menschheit zu überleben. Kontrolle ist gut, sonst macht jeder, was er will. Du musst vernünftig sein. Der Kopf ist rund, damit wir in alle Richtungen denken können. Denk mal nach vorne, Kim. 1984 ist vorbei! Verstehst du? So eine KI kann doch viel besser beurteilen, wo es in einem Krankenhaus fehlt, wo mehr Menschen angesiedelt werden sollten, welche Bäume wo gepflanzt werden. Eine KI fällt nicht willkürlich politische Urteile, eine KI geht wissenschaftlich vor. Algorithmen und Zahlen. Alles ist logisch. Und stell dir vor: Durch das Update sind wir Teil der KI. Wir sind gemeinsam *Brain*.«

»Du bist ja total verblendet, Mama. Das ist doch alles nur Werbung.«

»Wir haben jedenfalls morgen um halb elf den Termin in der Klinik. Spätestens morgen Abend kannst du schon wieder entlassen werden. Glaub mir, du wirst begeistert sein. Der Chip ist einfach genial.«

»Haben wir Aktien von *BrainVision*?«

»Dein Großvater hat ein Paket und ich habe natürlich auch in *BrainVision* investiert. Schließlich haben wir früher mit Apple und Tesla auch auf die Zukunft gesetzt und viel verdient. Es gibt keine bessere Investition als die in die Zukunft – und sie heißt jetzt *BrainVision*.«

Kim sagte nichts. Sie dachte an Levin. Der würde sich auch nicht chippen lassen. Um halb eins an der Säule im Park. Bis dahin würde sie es kaum noch aushalten. Sie wollte weglaufen, nur weg, und zwar gemeinsam mit Levin.

»Opa ist dabei, wenn du den Chip bekommst. Ich weiß nicht, wer der behandelnde Arzt ist und wie er heißt, aber dein Großvater kennt ihn. Ein guter Mann. Du kannst stolz sein, du bist auserwählt.«

»Auserwählt? Das meinst du doch nicht ernst? Es klingt nach Sekte. Jesus war auserwählt oder irgendein Buddha, aber ... Ich habe nicht um den Chip gebeten.«

»Doch, hast du. Noch vor zwei Wochen wolltest du den Chip.«

»Damals hatte ich ja keine Ahnung.« Kim stützte

sich auf die Arbeitsplatte in der Küche. »Vor einer Woche habe ich noch nicht mal gewusst, dass Opa für *BrainVision* arbeitet.«

»Das kann doch nicht der Grund für dein Gezicke sein.«

»Gezicke? Ich will den Chip nicht, weil er uns alle kontrolliert.«

»Okay. Wir drehen uns im Kreis, Kim.« Ihre Mutter suchte im Kühlschrank herum, zog eine Packung Buffalo-Würmer hervor und zog das Gemüsefach auf. »Tomaten, Zwiebeln, Möhren … Genug diskutiert, lass uns kochen.«

Sie legte das Gemüse neben Kim auf die Arbeitsfläche. »Schneidest du bitte die Tomaten in Würfel. Ich guck mal, was wir für den Nachtisch haben. Heute spielt der BMI keine Rolle.«

Ihre Mutter war Diplomatin, sie machte kleine Schritte, und am Ende – so hoffte sie – würde Kim nachgeben und sich den Chip doch implantieren lassen.

Kims Handy vibrierte. Opa. »Jemand hat sich hinter Hannover vor den Zug geworfen. Ich werde mich verspäten.«

»Tja. Dann haben wir noch mehr Zeit für uns.« Ihre Mutter hatte die Nachricht gleichzeitig mit Kim erhalten. Sie musste sie vor ihrem inneren Auge gelesen haben.

»Ich muss kurz rauf in mein Zimmer, Bobo begrüßen«, sagte Kim. »Sonst ist die Welt nicht in Ordnung.«

Ihre Mutter lachte erleichtert, denn Bobo war Kims Lieblingskuscheltier, sie hatte es schon als kleines Kind gehabt. Wenn sie früher in Urlaub gefahren waren, dann hatte Kim die Kuscheltiere alle im Zimmer versteckt, damit ein möglicher Einbrecher sie nicht finden und stehlen konnte. Aber Bobo, den Kuschelhamster, hatte sie immer mitgenommen, Bobo war zu wichtig. Ohne ihn konnte sie nicht schlafen, ohne ihn war die Welt nicht in Ordnung.

»Okay«, sagte ihre Mutter. »Komm erst einmal an. Ich bin nur so aufgeregt. Was ist eigentlich mit Julian?«

»Hat mit mir Schluss gemacht«, sagte Kim kurz, die Frage hatte sie überrascht.

»Das ist ja …«

»… nicht schade«, unterbrach sie ihre Mutter. Sie hasste es, wenn sie sich in ihre Jungenfreundschaften einmischte.

Kim lief die Treppe hinauf, neun marmorierte Stufen, und die Bilder an den Wänden hießen *Schwarzes Quadrat, Dreieck, Kreis.* Alle waren minimalistisch und in schwarzen und weißen Farben gehalten. Ihre Mutter mochte keine chaotischen Inneneinrichtungen. Und unter chaotisch verstand sie alles, was bunt war und irgendwie nicht auf das Minimum reduziert.

In Kims Zimmer gab es keine Kameras. Selbst die Wände und die Decken waren einfach mit Raufaser beklebt und gestrichen, keine Screens, nichts. Sie schaute aus dem Fenster. Da war keine Weide zu sehen, nirgends. Stattdessen gediehen im Pianistenviertel Bäume, die gut mit dem Klimawandel zurechtkamen: Robinien, Zierapfel, Essigbaum. Keine Weide. Denn die hätte ihre Wurzeln bis ans Meer unter der Erde schlagen müssen.

Kim ließ sich in ihren bequemen Korbsessel fallen, der an einem Seil von der Decke hing. Sie zog die Beine hoch, jetzt fühlte sie sich wie in einer Raumkapsel, verloren in Raum, Zeit und Vergangenheit. Niemand, der sie überwachte oder heimlich anschaute. Sie nahm ihr Handy und tippte eine Nachricht an Levin: »Bitte melde dich!« Dabei schaute sie direkt in die Handycam.

»Ich Idiot«, sagte sie zu sich selbst. »Natürlich gibt es hier eine Kamera ... Hallo, Mama!« Vermutlich schnitt ihre Mutter gerade die Möhren und schaute gleichzeitig durch die Cam in Kims Gesicht. Und sah genau, was sie tippte. Aber sicher war sich Kim auch hier nicht. Sie wusste überhaupt nichts mehr mit Sicherheit.

Sie drückte die Cam mit dem Daumen zu. Aber das Mikro würde sie nicht so leicht wegdrücken können.

»Ich denke an dich«, schrieb ihr Opa.

Sie sah sein Foto auf dem Handy, den Bart und das Lächeln des Weihnachtsmannes, aber sie wollte ihm nicht schreiben, es war alles gesagt. Er hatte jahrelang gelogen und nun war sie enttäuscht.

Tatsächlich schnappte sie sich Bobo, legte das Handy zur Seite und starrte an die Decke. Sie wollte einfach ein bisschen Ruhe, aber sie konnte nicht so einfach tagträumen. Es passierte zu viel.

Als Kim eine Viertelstunde später wieder nach unten ging, fragte sie sich, ob auch Mrs. Smith durch die Augen ihrer Mutter schauen konnte. Wer konnte das überhaupt? Wer hatte Zugang zu all den Informationen? Vermutlich nur *Brain*, denn die hätte vermutlich als Einzige die Kapazität, um alles auf der Welt gleichzeitig zu beobachten, in alle Augen und Ohren zu schlüpfen, jeden Winkel auszuspionieren. Das Licht der Wissenschaft durchdrang die Welt, und *Brain* war das Ende der menschlichen Wissenschaft, sie war eine künstliche Wissenschaftlerin.

Ihre Mutter kochte eine vietnamesische Suppe, das mit dem Spinat und den Tomaten hatte sie verworfen. Kim bereitete den Nachtisch zu, einen Obstsalat mit möglichst viel Kiwi, weil sie den so gerne mochte.

Eine Stunde später saßen sie sich am hübsch gedeckten Tisch gegenüber: Es gab Servietten aus Stoff und Kerzen. Ihre Mutter schien alles perfekt machen zu wollen, fast wie bei einem Date. Steven hatte geschrieben, dass die beiden nicht auf ihn warten sollten. Er habe einen Hausschlüssel. Vor Mitternacht würde er sicherlich nicht ankommen.

Ihr Gespräch war unwirklich, denn Kim redete mit ihrer Mutter, als gäbe es keinen Streit über den morgigen Termin, als hinge dieses Schwert nicht über ihren Köpfen. Sie nahm wahr, dass sich ihre Mutter seit den Osterferien verändert hatte, ihre Mimik war nicht mehr ganz sauber. Das musste am Chip liegen. Wenn sie aufmerksam zuhörte, dann schaute sie ein wenig zu ernst; wenn sie lachte, lachte sie zu ausgelassen. Vor allem die Mund-Augen-Koordination stimmte nicht ganz überein. Es war wie bei Julian und Mrs. Smith, nur nicht so deutlich. Sie hatte einfach den Chip noch nicht so lange. Ihr Wesen hatte sich auch kaum geändert. Was würde Kim tun, wenn ihre Mutter ihren Charakter veränderte? Plötzlich bekam sie Angst. *Brain* änderte die Menschen, machte sie kälter. Das kalte Herz. Eines war sicher: Sie durfte sich nicht chippen lassen. Sie musste zu Levin und mit ihm zu den *Unknown*, um gegen den Wahnsinn anzukämpfen.

»Ich bin müde«, log Kim, noch bevor der Nachtisch dran war.

»Na ja, den Nachtisch können wir auch noch morgen essen. Stimmt's?«

Kim sah das genauso.

»Zumal morgen der Termin in der Klinik ist«, sagte ihre Mutter.

»Nein, Mama«, sagte Kim. »Kein Chip. Ist das klar?«

Spätabends lag Kim mit offenen Augen im Bett und dachte nach. Mit dem Chip würden die Träume vergehen. Das Zimmer war dunkel, nur der Mond schien durch das offene Fenster herein. Sie mochte dieses Fenster, es war riesig wie ein Schaufenster, ein Schaufenster in die Welt. Was wohl aus dem Skarabäus geworden war? Mit Levin hatte sie vor dem Fenster gesessen und auf den Campus geschaut. Sie sah in den Himmel. Mit ein bisschen Phantasie konnte sie einen Käfer dort oben sehen, das Sternbild Skarabäus lag direkt in der Nähe des Polarsterns. Ja, so sollte das neue Sternbild heißen. Skarabäus. Er rollt die Sonne am Firmament entlang.

Es war wie früher, wenn sie in den unendlichen Weltraum schaute und Bobo in ihrem Arm lag. Da hatte sie sich auch immer Sternbilder ausgedacht. Und eines hatte tatsächlich Skarabäus geheißen. Damals, da war sie noch in Amsterdam gewesen, damals.

Levin schickte ihr ein Herz und schrieb verschlüsselt: »Ich liebe dich!«

»Ich dich auch. Lass uns abhauen.«

»Treffen!«

»Nein, abhauen, heute Nacht. Meine Mutter wird das durchdrücken mit dem Chip. Du kennst sie nicht. Zur Not betäubt sie mich. Vermutlich hat sie schon die Tabletten von Dr. Walker.« Dann machte sie noch ein Smiley dahinter.

»Ich habe Freunde bei den *Unknown*«, schrieb Levin. »Sie werden uns aufnehmen.«

»Dann bring mich zu ihnen. Ich packe gleich den Rucksack.«

»Du bist verrückt. Ich brauche dich. Ohne dich würde ich mich chippen lassen. Es bringt nichts, der Einzige zu sein, der gegen den Strom schwimmt.«

»So ein Quatsch. Du würdest dich nie chippen lassen.«

»Doch. Ich hasse das Alleinsein. Ich bin schon zu lange allein gewesen. Als Nerd ist die eigene Welt eine kleine Welt. Es ist, als ob du in einer Walnuss lebst. Zu zweit ist die Welt einfach größer, es gibt plötzlich einen Himmel und Sterne und Mond und … Du hattest immer jede Menge Freunde. Ich nicht. Wenn du nicht kommst, dann beuge ich mich dem Willen meiner Eltern. Sie haben einen Termin für mich – morgen im Franziskus-Hospital.«

Kim schrieb noch einmal, dass sie ihn liebe. Und er tat dasselbe.

Sie überlegte, ob ihre Mutter nun die Nachrichten lesen würde, verstehen konnte sie sie garantiert nicht. Aber sie schien die Nachrichten auch nicht gelesen zu haben, denn Kim hörte, wie ihre Mutter unten in aller Seelenruhe in der Küche herumkramte, die Treppe heraufstieg, sich duschte, ihr Zimmer betrat, das direkt an Kims grenzte, wie sie noch einmal die Tür zu Kims Zimmer öffnete, um zu sehen, ob Kim schlief, so wie sie es immer getan hatte, und wieder in ihr Zimmer zurückging. Für ihre Mutter war Kim noch das kleine Mädchen.

Kim wartete, bis sich nebenan nichts mehr regte, dann nahm sie ihren Rucksack aus dem Schrank und packte Klamotten hinein. Es war ihr egal, ob die Sachen zusammenpassten. Levin wäre es auch egal. Sie würde nicht mehr zurückkehren, auf keinen Fall.

Sie schaute aufs Handy. Es war Mitternacht. Sie schlüpfte in ihre Turnschuhe und schlich zur Tür. Ihre Mutter schlief sicherlich fest, behutsam ging sie die elf Treppenstufen hinunter. Doch da regte sich der Schlüssel in der Haustür und sie lief auf Zehenspitzen die Treppen wieder hinauf und zurück in ihr Zimmer.

Aus dem Zimmer ihrer Mutter kamen nun ebenfalls Geräusche.

»Papa?« Kim hörte die Stimme ihrer Mutter im Flur. »Bist du es?«

»Wer sonst?«

»Ich komme.«

Die beiden riefen mit gedämpfter Stimme durchs Haus. Es war, als wollten sie absichtlich laut flüstern.

Verrückt. Jetzt hörte Kim, wie Schritte von unten nach oben näher kamen.

»Ich komme hoch«, sagte ihr Großvater. Und dann redeten die beiden auf dem Flur.

Ihre Mutter sagte: »Ja, sie schläft schon.«

»Kann ich mal schauen?«

Die Tür öffnete sich einen Spalt und herein trat ihr Großvater. Kim hatte die Augen ein wenig geöffnet. Das Mondlicht fiel auf seine Gestalt in der Tür. Groß war er, aber etwas stimmte nicht an ihm. »Kim?! Du schläfst nicht.«

Sie kniff die Augen zu, aber seine Stimme war eindringlich: »Du liegst ja mit Schuhen …«

Jetzt schaltete Kims Mutter das Licht an. »Was machst du da, Kim?«

Sie schlug die Augen auf.

»Hallo Kim«, sagte ihr Großvater. Er hatte sich den Bart abrasiert. »Opa?!«

»Er war fast grau. Ich musste ihn wegmachen. Ich sah ja aus wie der Weihnachtsmann.«

Für eine Sekunde war die Welt in Ordnung und Kim schmunzelte über seine Bemerkung. Aber nur für eine Sekunde, denn ihre Mutter war außer sich: »Wo willst du hin, Kim?! Warum liegst du mit Schuhen im Bett? Was soll das?«

Kim war in einer Sekunde von null auf hundert und warf die Bettdecke zur Seite. Wie nervig ihre Mutter war. »Ich lass mich nicht chippen!«

»Regt euch beide bitte nicht auf«, versuchte Steven van Zandt die Gemüter zu beruhigen. Vergebens! Kim flippte aus. Sie wollte nicht mehr tun, was ihre Mutter von ihr verlangte! Sie wollte ihren eigenen Weg gehen! Sie griff den Rucksack und wollte zur Tür.

Ihre Mutter stürmte auf sie zu und packte Kim am Handgelenk. Die wand sich aus dem Griff und schubste ihre Mutter. Nicht absichtlich. Aber ihre Mutter fiel fast hin. Kim wollte nur weg, keine Fesseln mehr. Sie lief zum Fenster, das weit offen stand. Ihr Großvater reagierte nicht, er schwieg. Er wusste, dass jedes Wort den Streit nur befeuern würde. Wenn sich Kim und ihre Mutter in die Haare bekamen, dann war Holland in Not, sämtliche Dämme brachen.

»Komm zur Vernunft«, sagte ihre Mutter. »Ich hol einen Lappen.« Das hatte sie früher getan, wenn Kim außer sich geraten war. Ja, dieses liebe blonde Mädchen konnte außer sich geraten! Einmal, zweimal im Jahr. Ihre Mutter hatte stets versucht, ihr einen nassen Lappen auf die Stirn zu legen, denn für sie waren solche Ausbrüche wie Krankheiten. Doch diesmal half nichts, selbst ein nasser Lappen würde sie hier und jetzt nicht mehr beruhigen.

Kim stieg auf die Fensterbank.

»Bist du verrückt?«, sagte ihre Mutter.

»Ich bin nicht verrückt. Ihr seid es!«

»Beruhige dich«, sagte ihr Großvater. Er machte am Bett vorbei einen Schritt auf sie zu. Jetzt erst sah sie, warum er wohl immer einen Bart getragen hatte: Steven van Zandt hatte richtige Krater in der Haut. Er hatte vermutlich als junger Mann heftige Akne gehabt. Kim war entsetzt. Warum hatte ihr Opa es vertuscht? Er kam noch näher.

»Bleib stehen«, drohte Kim. »Bleib stehen! Du hast mich die ganze Zeit belogen. Ich habe gedacht, du bist auf meiner Seite, du würdest nicht mit Hummer arbeiten.«

Kim stand dem Wahnsinn nah in diesem riesigen Fenster, in diesem Haus, das einem Würfel glich, das genauso gut auf den Campus des Galileo gepasst hätte. Sie stand direkt unter dem Sternbild des Skarabäus und wankte.

»Pass auf! Bitte!«, sagte ihr Großvater. »Ich weiß, wer Levin ist. Ich weiß, was du vorhast. Alles wird gut. Wir sind eine Familie. Du kannst uns vertrauen.«

Das hatte auch Dr. Walker gesagt.

»Komm zur Vernunft, Kim«, sagte ihre Mutter.

Kim hörte die Worte, aber ihr war schwindelig von all der Aufregung.

»Vertrau mir, Kim«, wiederholte Steven. »Du glaubst doch nicht, dass ich dir schade. Ich habe dir von den *Erasern* erzählt. Erinnerst du dich, den Radiergummis, mit denen alles Falsche ausgelöscht werden kann?«

»Was redest du da!?«, fuhr Kims Mutter dazwischen. »Was für *Eraser*? Was willst du ausradieren?«

Ihr Großvater konzentrierte sich ganz auf Kim, die dort im Fensterrahmen stand, deren Hände zitterten, deren Beine jeden Moment einzuknicken drohten.

»Der Fortschritt liegt jetzt darin, einen Schritt zurückzutreten«, sagte sie.

»Nein, tu das nicht!«, schrie ihr Großvater.

Du kannst niemals tiefer fallen als in die Arme eines Menschen, der dich liebt. Das hatte ihr Großvater gesagt. Kim sah sein Gesicht, die grünen Augen, den breiten Mund, ihr Großvater machte einen weiteren Schritt auf sie zu. Er liebte sie. Da war sie sich sicher. Doch als sie sich zu ihm vorbeugen wollte und den Fensterrahmen losließ, da zog sie das Gewicht des Rucksacks zurück. Und statt nach vorn machte sie einen Schritt nach hinten, versuchte noch Halt zu finden und fiel …

SAMSTAG,
19. MAI 2032

Sie spürte den Stoff an ihren Fingerkuppen, es roch antiseptisch.

Ihre Augenlider waren schwer, doch sie öffnete den Vorhang der Pupille und sah in das Gesicht ihres Großvaters.

»Hallo Kim.«

Ihr Mund war verklebt. Das hier war ein Krankenhauszimmer. Sie hob die Hand, den Arm, es funktionierte. Nur ihr Kopf schmerzte, doch das war sie von ihrem Datenband gewohnt.

»Und? Kannst du nicht sprechen? Hast du Schmerzen?«

Kim schwieg.

»Soll ich den Arzt holen?«

Dann sagte sie, um ihn zur Ruhe zu bringen: »Nein, Opa. Es wäre nur schön, wenn ich alleine sein könnte.«

»Gleich, Schatz. Janne ist gerade hinunter in die Kantine gegangen. Sie holt etwas zu trinken für mich. Wie geht es dir?«

»Nenn mich nicht ›Schatz‹. Ich bin nicht dein Schatz. Ich bin fünfzehn Jahre alt und kein Schatz mehr.«

»Du fragst dich bestimmt, wo Levin ist?«

Kim sagte nichts. Ihr Großvater hatte ausgespielt.

»Ich habe mir erlaubt, an dein Handy zu gehen, denn er hat dir Nachrichten geschrieben.«

»Und, was hat er …?«

»Ich muss mit dir reden, ehe Janne zurück ist.«

»Was ist mit Levin?«

»Es geht ihm gut. Er war heute Nacht ganz aufgelöst vor Sorge um dich. Du und er, ihr wolltet zu den *Unknown*.«

»Woher weißt du das?«

»Weil ich mit ihm geredet habe. Ich habe ihm alles erzählt.«

Jetzt war Kim vollends perplex. Was hatte Steven mit Levin zu reden? Er wusste doch so gut wie nichts über ihren Freund. Gar nichts. Und es ging ihn auch nichts an.

Ihr Großvater rückte mit dem Stuhl näher an ihr Bett. »Levin ist gechippt.«

»Was?«

»Es ist sinnvoll. Je mehr den *BrainChipPlus* haben, desto besser ist es. Ich werde mich heute auch noch chippen lassen.«

Kim war entsetzt. »Wieso auch? Bin ich etwa …«

Er nickte. »Bist du. Es ist die einzige Chance gegen *BrainVision*. Der Chip ist die Notbremse.«

Kim hielt inne und horchte in sich hinein, aber sie merkte nichts von dem Chip. Sie überlegte, wie sie sich verhalten sollte, damit der Chip funktionierte. Fest an etwas denken, dann geschieht es, sagte sie sich. »Ich kann keine Musik hören«, sagte sie erstaunt. »Keinen Ton.«

»Wie meinst du das?«

»Meine Freundin Henriette konnte einfach Musik in ihrem Kopf hören, als sie den Chip bekommen hatte. Sie konnte sogar die Nachrichten von anderen lesen, sie war vernetzt. Ich aber spüre nichts. Ich sehe auch kein Bild in mir, nichts.«

»Hör mir zu, Kim.«

Sie war ganz aufgelöst. »Was hast du gemacht, Opa? Ich …«

»Sei bitte still. Es ist anders. Ganz anders, als du denkst.«

Die Tür öffnete sich und ihre Mutter trat ein. Sie hatte eine Flasche Wasser in der Hand. »Das … ach, Kim, du …« Hastig stellte sie die Flasche auf das Nachttischchen und streichelte ihrer Tochter über den Kopf. »Es geht dir gut. Ich bin ja so erleichtert! Du kannst dir gar nicht vorstellen, wie …« Sie griff Kims Hand und stockte: »Ich kann keinen Kontakt zu dir aufbauen. Funktioniert dein Chip nicht?«

»Sie hat einen anderen Chip, als du denkst«, sagte Steven. »Beruhigt euch endlich! Beide.« Steven war jetzt sauer, aber er kam trotzdem nicht zu Wort, denn Janne schaute ihn erstaunt an und rieb sich über die Stirn. »Mir ist nicht gut. Ich fühle mich ganz schwindelig, Steven. Du musst mir helfen.«

»Es sind die Bots, die *Eraser*«, sagte er. »Sie verteilen sich gerade in deinem Körper, sie suchen nach den anderen Nanobots in dir.«

Janne setzte sich auf die Bettkante. »Es kribbelt in meinen Fingern, in meinen Füßen. Was ist los, Papa? Ich fühle mich nicht gut. Was hast du getan?«

»Die *Eraser* haben ihren Weg durch Kims Haut genommen und breiten sich gerade in dir aus. Sie übertragen sich von einem Körper zum anderen, von ihr zu dir. Ich musste es tun.«

»*Was* musstest du tun? Ich kann überhaupt keinen Kontakt zu Kim aufnehmen, nicht mehr zu den

Maschinen hier im Raum, zu niemandem. Der Kontakt ist weg.«

»Ganz weg?«

»Ja.«

Steven streichelte die Wange seiner Tochter. »Die *Eraser* sind wie weiße Blutkörperchen, sie zerstören die anderen Nanobots.«

»Und …« Janne stockte. »Das heißt, dass sie …«

»*BrainVision* wird keinen Unfug mehr mit meinen Nanobots treiben. Die *Eraser* zerstören alle Nanobots in deinem Körper.«

»Das müssen wir aufhalten!«

»Geht nicht mehr«, sagte Steven. »Sie verbreiten sich wie Viren. Sie sind autonom.«

»Aber warum?«

»Weil eine KI irgendwann nicht mehr zu stoppen ist«, sagte Kim. »Weil sie irgendwann schlauer ist als ihr Schöpfer. Weil sie Macht über uns alle bekommen würde.«

»Hat dir dein bescheuerter Levin das eingeredet?«

»Manchmal ist ein Schritt zurück ein Fortschritt«, sagte Steven. Er hielt Kims Handy in der Hand. »Willst du Levin anrufen? Er müsste wach sein.«

Es klopfte.

»Mrs. Smith?« Kim war erstaunt, aber nicht nur sie, auch ihr Großvater und ihre Mutter hatten nicht mit dem Besuch gerechnet. »Ich wollte doch mal schauen, wie es unserer Patientin geht.«

Dann betrat noch Ted den Raum und hatte einen Strauß Blumen dabei. »Wir haben schon von den Ärzten gehört, dass alles gut verlaufen ist. Wir würden gleich gerne ein Foto von dir machen, damit ich es an die Presse weitergeben kann. Hast du etwas dagegen, Kim?«

Nein, dagegen hatten weder Kim noch ihre Mutter etwas.

Schon stand eine Fotografin von *BrainVision* im Raum und kurz darauf ein ganzes Kamerateam. Sogleich wurde Kim der Blumenstrauß in den Arm gelegt und Mrs. Smith sowie Ted postierten sich rechts und links neben Kim.

»Wunderschön«, sagte die *BrainVision*-Redakteurin. »Das Filmmaterial und die Fotos werden wir dann gleich an die anderen Journalisten geben. Du bist die erste Trägerin des neuen *BrainChipPlus*. Wie fühlst du dich?«

Kim sagte, dass sie erleichtert sei, schließlich hätte sie jetzt endlich Kontakt zu Mrs. Smith und Ted. Die beiden machten gute Miene zum bösen Spiel, denn sie konnten keinen Kontakt zu Kim bekommen. Aber sie taten so.

»Es ist perfekt gelaufen«, sagte Mrs. Smith. »Die *BrainVision*-Idee wird die Welt verändern. Wir sind *Brain*.«

Die wenigen Sätze und die Fotos reichten dem Team vorerst, und sie zogen wieder ab, ein kurzer

Wirbelwind, der durchs Krankenzimmer gefegt war.

Kim streckte der Direktorin die Hand entgegen und bedankte sich für alles. Sie tat es mit einem Lächeln. Dann bedankte sie sich noch bei Ted, der offensichtlich bemerkte, dass er immer noch keinen Kontakt zu Kim aufbauen konnte.

»Das kommt noch«, erklärte Steven auf Teds kritischen Blick hin. »Der *BrainChipPlus* muss einfach noch lernen. Sie müssten gleich ein Kribbeln in den Gliedern spüren, schließlich sind die Nanobots schon von Kim auf Sie übergegangen.«

»Und dann vermehren sie sich von ganz alleine in mir?«, fragte Ted.

»Exakt. Es geht sehr schnell. Und es schmerzt nicht, Sie werden vielmehr erleichtert sein.«

»Noch spüre ich nichts.«

»Ich bin da ganz zuversichtlich«, sagte Kims Großvater. »Alles wird gut. Wir sollten nun unsere Kim ein wenig in Ruhe lassen.«

Es klopfte erneut an die Tür. Levin.

»Wir wollten ohnehin gerade gehen«, sagte Steven. »Stimmt's?«

Kims Mutter nickte. »Ja, wir sollten euch alleine lassen.«

Ihr war die Scharade sichtlich unlieb. Trotzdem sagte sie: »Ihr habt recht. Es ist gut, einen Schritt zurückzumachen. Dann kann man die Dinge mit Abstand betrachten. Denn wer die Freiheit aufgibt, um Sicherheit zu gewinnen, wird am Ende beides verlieren.«

Während Kim nun ihre Mutter anlächelte, fing die Direktorin Levin direkt an der Tür ab und fragte: »Geht es dir gut?«

Der nickte und gab ihr die Hand. »Sehr gut geht es mir. Fahren Sie gleich wieder zur Schule?«

»Ja, ich muss noch einiges erledigen.«

»Das ist gut, dann treffen Sie auch all die anderen.«

Mrs. Smith schien sich ein wenig über Levins Bemerkung zu wundern. Aber Kim wusste, warum er nun schmunzelte. Mrs. Smith und Ted würden die *Eraser* gleich in der ganzen Schule verbreiten.

Kim schaute Levin an und sie spürte dieses Kribbeln im Bauch.

»Alles gut, Kim?«

Sie nickte und er küsste sie, oder war es umgekehrt?

»Wie nett«, sagte Mrs Smith. »Wir sehen uns heute Abend beim Empfang zu euren Ehren.«

»Zu unseren Ehren?«, fragte Kim ungläubig.

»Ja, sogar Mr. Hummer wird anwesend sein. Das werden Momente werden, die um die Welt gehen. Ich sehe ihn gleich schon in der Schule. Es ist so ein Glück, dass die Rasensprenger wieder funktionieren, alles ist wieder grün.«

Autor

Manfred Theisen wurde 1962 in Köln geboren. Er studierte Germanistik, Anglistik und Politik, forschte zwei Jahre für das deutsche Innenministerium in der Sowjetunion und arbeitete als leitender Redakteur einer Kölner Tageszeitung. Er hat im Nahen Osten und in Afrika recherchiert und dort für das Auswärtige Amt und für das Goethe-Institut gearbeitet. Seit 2000 ist er freier Autor und lebt mit seiner Familie in Köln. Seine Bücher sind in zahlreiche Sprachen übersetzt und ausgezeichnet.

Von Manfred Theisen sind außerdem bei cbt erschienen:

Checkpoint Jerusalem (31107)
Checkpoint Europa (31076)
Angst sollt ihr haben (31154)
Rot oder Blau – Du hast die Wahl (31285)
Wir sind die letzte Generation (31545)
Escape – Der Schlüssel sind wir (31731)

Mehr zu unseren Büchern auch auf Instagram

Manfred Theisen
Angst sollt ihr haben

ca. 280 Seiten, ISBN 978-3-570-31154-7

Dominiks Welt ist weiß. Auch die seiner Freunde. Sie treffen sich, um Blackheads fertig zu machen und besuchen gemeinsam extreme fights. So richtig mit neuer rechter Theorie kennt sich Dominik aber noch nicht aus. Bis der Freund von Dominiks Mutter sie damit vertraut macht. Bald findet Dominik, Worten müssten Taten folgen, und ein Flüchtlingsheim in der Nähe rückt in sein Blickfeld ...

www.cbt-buecher.de

30305

Manfred Theisen
Checkpoint Europa –
Flucht in ein neues Leben

ca. 300 Seiten, ISBN 978-3-570-31076-2

Basil ist aus Syrien nach Deutschland geflohen. Und versucht, hier Fuß zu
fassen. Aber er hat nicht nur seine Eltern im Krieg verloren, sondern auch
seine große Liebe Sahra. Er und sie wurden auf der Flucht getrennt.
So macht er sich auf die Suche nach ihr. Mit von der Partie ist der
Journalist Tobias, der sich an ihn heftet, um einen Roman zu schreiben.
Basil merkt jedoch bald, dass die Suche ein Wagnis ist, denn die
Gespenster der Vergangenheit sitzen ihm im Nacken ...

www.cbj-verlag.de

30267

Manfred Theisen
Rot oder Blau – Du hast die Wahl

384 Seiten, ISBN 978-3-570-31285-8

Zwei neunte Klassen, ein Landschulheim und ein politisches
Experiment: 32 Schüler sollen mit einem Spiel auf das Thema
Demokratie eingestimmt werden. Innerhalb von fünf Tagen
sollen sich zwei Parteien zusammenfinden, jeweils ein Kandidaten
aufgestellt und am Ende ein Präsident gewählt werden. Das
soll die Schüler für Politik begeistern. Aber das Spiel entgleitet
den Lehrern und statt Schutz der Minderheit, geheimer Wahl
und Gewaltenteilung regieren bald Fake News, Intrigen und
Machtgehabe den Wahlkampf ...

www.cbj-verlag.de

30431